KB120397

초보 아빠가
꼭 알아야 할
임신 출산
육아법

"출산 전 100일부터 출산 후 100일까지"
초보 아빠가 꼭 알아야 할 임신 출산 육아법

초 판 1쇄 2019년 10월 28일
초 판 6쇄 2023년 10월 25일

지은이 최경일
펴낸이 류종렬

펴낸곳 미다스북스
본부장 임종익
편집장 이다경
책임진행 김가영, 신은서, 박유진, 윤가희, 윤서영, 이예나

등록 2001년 3월 21일 제2001-000040호
주소 서울시 마포구 양화로 133 서교타워 711호
전화 02) 322-7802~3
팩스 02) 6007-1845
블로그 http://blog.naver.com/midasbooks
전자주소 midasbooks@hanmail.net
페이스북 https://www.facebook.com/midasbooks425
인스타그램 https://www.instagram.com/midasbooks

© 최경일, 미다스북스 2019, *Printed in Korea*.

ISBN 978-89-6637-726-8 03590

값 15,000원

미다스북스는 다음세대에게 필요한 지혜와 교양을 생각합니다.

"출산 전 100일부터 출산 후 100일까지!"

초보 아빠가 꼭 알아야 할 임신 출산 육아법

최경일 지음

미다스북스

행복한 세상의 시작, 아빠 육아

나는 어린 시절 나이 차이가 있는 사촌형, 누나들의 아이들과 명절마다 놀아주었다. 내가 중학생 시절이었다. 조카들이 20명은 되었던 것 같다. 그때는 정말 힘든 줄도 모르고 신나게 놀아주었다. 몸으로도 놀아주고 소꿉놀이도 같이 해주었다. 우는 아이도 내가 업어서 달랜 적도 있다. 조카들은 다른 사람보다 나를 더 따랐다. 그렇게 나에게 다가오는 아이들이 너무나 좋았다. 그리고 행복을 느꼈다.

고등학생 시절에는 친구들의 고민을 들어주는 것이 재미있었다. 특히 연애이야기나 부모님과의 관계에 대한 이야기였다. 야간자율학습을 마치고 집에 함께 가는 길이 나의 상담소가 문을 여는 시간이었다. 연애 경험이 많거나 결혼을 하지 않은 상태였다. 하지만 친구들은 나와 이야기를 나누면 마음이 편해진다고 했다. 그리고 고민이 해결된 것처럼 마음이 홀가분하다고 했다. 대학생 때부터는 직접 연애를 하며 느꼈던 감정으로 상담해주기 시작했다.

나는 부유하지 못한 가정에서 자랐다. 그래서 부모님께서는 늘 금전적으로 어려워하셨다. 가끔씩은 그로 인해 크게 싸우기도 하셨다. 2남 중 장남이었던 나는 항상 중재자 역할을 해야 했다. 이러한 일을 계기로 부모님 사이에서 아버지, 어머니의 마음을 알게 되었다. 자연스럽게 나는 나의 배우자와의 관계까지 생각할 수 있었다. 그리고 배우자에 대한 기준을 세웠다. 그리고 행복한 육아를 하는 남편, 아빠가 되기로 결심했다.

이처럼 나는 어린 나이부터 조카들을 돌보며 육아를 간접 체험하였다. 친구들과의 이야기와 경험을 통해 연애관을 만들게 되었다. 그리고 부모님 사이에서 부부 관계에 대해 생각했다. 배우자, 아빠의 역할을 생각하게 된 것이다. 이러한 성장과정이 나의 비전인 '모든 사람들을 웃음 짓게 하는 선한 영향력을 끼치자.'를 만나 더욱 성장할 수 있었다.

나의 경험은 누구나 경험할 수 있는 평범한 것이다. 어쩌면 나보다 더 값진 경험을 한 사람도 있을 것이다. 하지만 이 책을 통해 세상에 알려질 나의 경험을 통해 한 사람이라도 행복을 되찾기를 바란다.

우리 아이들은 급변하는 세상 속에 살게 될 것이다. 우리가 삶에서 느꼈던 가족의 소중함을 대물림 해주었으면 한다. 그리고 이를 통해 꿈을 꾸는 아이로 양육하고 아이가 행복한 추억을 간직하게 해주길 바란다.

아빠의 행복이 엄마의 행복이고 나아가 가정의 행복이 된다. 한 가정이 행복해지면 행복이 전염되어 모든 사람이 행복한 세상이 될 것이다.

요즘은 육아 지옥이라는 말이 생겨날 정도로 육아를 힘들어한다. 오죽하면 아이를 낳으려 하지 않는 부모도 많다. 굉장히 안타까운 마음이 든다. 주위 사람 중에는 돈이 많이 들어 아이를 키울 자신이 없다는 사람이 있다. 나는 이렇게 조언 한다. 이 세상 대부분의 부모는 부자가 아니다. 그런데 돈 때문에 이렇게 행복한 삶을 포기한다는 것은 굉장히 슬픈 일이라고. 아이를 통해 오는 행복감은 육아를 해봐야 알 수 있을 것이다. 그래서 나는 모든 아빠, 엄마가 천국을 맛보기를 원하고 행복한 추억을 간직할 수 있길 바라는 마음까지 더해 이 책을 써내려갔다.

나는 내게 내려주신 소명이 연애와 결혼을 비롯해 임신, 출산, 육아를 통한 선한 영향력을 끼치는 것이라 확신한다. 그래서 육아노하우뿐 아니라 가족의 행복을 찾는 방법까지 곳곳에 담아두었다.

1장에서는 육아에 대해 두려워하는 부모들에게 내 경험을 통한 동기부여를 하고자 했다. 2장에서는 내가 코칭/컨설팅한 내용을 나의 경험을 빗대어 조언했다. 3장, 4장에서는 육아에 대한 정보와 노하우를 써내려갔다. 마지막 5장에는 육아를 통해 얻을 수 있는 것들에 대해 썼다.

각 장에서 만나는 사례와 정보를 통해 육아가 어렵지 않음을 느낄 수 있을 것이다. 두려움 또한 사라지게 될 것이다. 나 또한 두려움이 있었지만 '피할 수 없으면 즐기자.'라는 마음으로 시작했다. 아내가 임신했을 때부터 현재까지 매일이 신비롭고 행복하다. 막상 육아를 시작하니 언제 두려웠는지 기억조차 나지 않을 정도이다. 이처럼 나는 육아를 행복하게 생각하고 몸소 실천하고 있다. 나와 같이 이 책을 읽는 모든 사람이 행복한 육아를 했으면 하는 바람이다.

특히, 아빠 육아는 가정의 행복을 가져다주는 근원이므로 부디 행복한 아빠 육아를 실천하길 바란다. 그리고 육아를 통해 꿈을 찾았으면 한다. 이 책을 읽고 난 뒤에는 행복뿐 아니라 꿈을 찾게 될 것이라고 확신한다.

나는 아이가 우리 부부에게 오면서 삶의 큰 변화를 느꼈다. 꿈만 꾸던 삶에서 꿈을 이루는 삶으로 변한 것이다. 나는 육아가 지옥이 아닌 천국이라고 느끼는 행복한 세상이 되었으면 한다. 세상의 모든 시련과 행복은 자신으로부터 나온다는 말을 기억하고 이 책을 읽어주기를 바란다.

마지막으로 육아를 하는 모든 아빠, 엄마를 항상 응원한다고 말하고 싶다.

차례

2장
초보 아빠, 100점 아빠가 되기 위해 알아야 할 현실

3장
출산 전 100일, 아기와의 첫 만남을 위한 생생 정보

4장
출산 후 100일, 서툰 아빠를 위한 실전 노하우

5장
아빠가 함께하는 육아, 행복한 육아!

예비 초보 아빠를 위한 꿀팁

1장

아빠가 되는 게
난생처음이라서요

1

아빠가 되는 게
난생처음이라서요

/

당신의 자녀는 당신의 자녀가 아닙니다.
그들은 자신의 삶을 좇아 이 세상에 온 그리움의 아들과 딸입니다.
- 칼릴 지브란

최악의 신혼 생활

최근 결혼한 내가 알고 지내는 부부의 말이다.

"우리는 결혼식 올리고 3개월 만에 혼인 신고했어."

이처럼 요즘 결혼한 대부분의 부부들은 결혼식을 올리고 나서 신혼 생활을 해보고 혼인 신고를 한다. 우리 부부는 그들과는 다르게 결혼식을 올리기 전에 혼인 신고를 했다. 물론 연애를 3년 정도 한 뒤의 일이다. 연애를 하는 동안 우리는 싸움 없이 지내며 결혼을 얘기했다. 그리고 나는 결혼 생활에 자신이 있었다.

'내 가정을 꾸리고 살며, 가족들을 남부럽지 않게 행복하게 할 수 있다.'고 생각했다. 하지만 얼마 가지 않아 우리 부부는 헤어짐을 생각할 정도로 힘든 사이가 되었다. 상대방의 생각과 말이 나와 맞지 않은 부분에 대해 이해하지 못했다. 인정해야 하는데 이해를 하려고 해서 일어난 일이었다. 싸움이 계속되니 우리 부부는 점점 지쳐갔다. 돌이킬 수 없는 말과 행동을 하며 서로에게 상처를 많이 줬다. 특히 내가 그랬다.

우리가 혼인 신고를 할 당시 나는 회사에서의 스트레스가 심했다. 그로 인해 나는 항상 부정적이고 날카로웠다. 퇴근을 언제 하는지 물어보는 아내가 나를 속박하는 것 같았다. 나도 퇴근하고 싶은데 못하고 있으니 답답했기 때문이었다. 정말 우리의 신혼 생활은 최악으로 치닫고 있었다.

스트레스성 탈모가 생겼다. 하지만 더 격렬하게 견뎠다. '내 가정을 행복하게 해줘야 한다'는 생각에서였다. 잘못된 생각을 했던 것이다. 그로 인해 신혼 생활은 점점 상처투성이가 되었다. 탈모도 전이되어 2군데로 늘어났다. 나는 '이렇게 버티는 것이 행복한 길은 아니다.'라는 결론을 내렸다. 결국 아내와 상의 끝에 3개월 휴직을 신청했다. 돈이 문제가 아니었다. 최근에 그때의 일을 회상하던 날 아내에게 했던 말이 있다.

"그 선택이 내가 가정을 지킬 수 있는 최선의 방법이었어."

행복해야 할 결혼 생활이 불행했다. 이렇게 불행이라고 생각할 이유가 뭘까? 어떤 부부들은 우리 부부보다 더 힘든 결혼 생활을 할 것이다. 이미 불행이라고 생각해서 헤어진 부부도 있을 것이다. 나도 아내가 그 힘든 시간을 견뎌주지 않았다면 헤어졌을 것이라 생각한다. 그 값진 시간에 감사하다. 내 가정을 더 행복하게 하겠다는 동기 부여가 됐다.

하늘에서 내려온 천사

3개월의 휴직 기간 중 첫 한 달은 각자의 고향에서 시간을 보내기로 했다. 나는 고민이 있으면 혼자 있는 시간이 필요하기 때문이었다. 서운함이 있었겠지만 아내는 내 생각에 동의해주었다. 그렇게 1개월 동안 마음의 안정과 탈모 완치를 이루었다. 내 마음이 안정되니 둘의 관계가 조금씩 회복이 되어갔다.

남은 2개월 중 1개월은 천안 신혼집에서 함께 보냈다. 서로 취미 생활도 하고, 밥도 함께 먹고, 미래 계획도 함께 했다. 소중하고 행복한 시간을 보냈다.

아내의 이모님께서 우리의 혼인 신고 소식을 들으시고 연락하셨다.

"결혼 선물로 비행기 표 값 내줄테니 미국으로 놀러와."

감사한 마음으로 마지막 1개월은 미국에서 보내기로 계획했다. 이모님 덕분에 남은 1개월을 꿈처럼 미국 여행을 하며 행복하게 보낼 수 있었다.
이렇게 나는 아내와 주변의 도움으로 마음의 안정을 되찾아갔다. 덕분에 우리 부부의 관계도 차츰 회복되어갔다. 서로 싸우게 되는 상황에서 서로를 인정하려고 노력했다. 점점 싸우는 강도와 횟수가 줄었다.

관계가 회복되어가니 자연스럽게 결혼식을 생각했다. 웨딩 촬영, 결혼식, 신혼여행만 준비했다. 그전부터 함께 지낸 집과 혼수가 있었기 때문이다. 집과 혼수를 할 때처럼 설렘으로 가득했다.
결혼식을 위한 청첩장이 결혼식 한 달 전 도착했다. 나는 지인들에게 청첩장을 나눠주기 위해 서울로 향했다. 아내는 집에 있겠다고 해서 혼자 친구와 카페에서 만났다. 청첩장을 주었더니 친구도 곧 결혼한다고 했다. 아이가 생겼다고 했다. 나는 진심으로 축하해주었다. 그러면서 친구에게 고민을 털어놓았다.

"나는 혼인 신고 하고 3년을 같이 살았는데 아이가 생기지 않아.

혹시 나한테 문제가 있을까 봐 무서워서 병원도 못 가겠어."

그 순간, 테이블 위에 올려놓았던 스마트폰이 진동했다. 아내의 전화였다.

"여보세요."
"오빠, 오늘 못 내려온다고 했죠? 친구 만나고 있어요?"
"응, 무슨 일 있어요?"

평소 내가 지인을 만나고 있다고 말하면 전화보다는 문자를 하는 아내였다. 무슨 일이 있음을 알아차렸다. 며칠 전 몸이 이상하다며 구입해놓은 임신 테스터기가 뇌리를 스쳤다.

"혹시, 같이 있을 때 하기로 했던 것 혼자 했어요? 그래서! 임신이에요?"

나도 모르게 흥분을 해버렸다. 아내는 떨리는 목소리로 대답했다.

"네. 두 줄이 나왔는데, 혹시 모르니까 내일 같이 있을 때 한 번 더 해봐요."

"알겠어요. 나 지금 내려갈게."

"그럼 길 미끄러우니까 천천히 내려와요."

떨리는 마음으로 통화를 마무리했다. 친구에게 나도 아이가 생긴 것 같다고 빨리 가봐야겠다고 말한 뒤, 황급히 차를 탔다. 서울에서 천안까지 1시간 만에 갈 정도로 가슴 벅찬 순간이었다.

우리 부부의 관계가 회복되며 사랑이 깊어지니 좋은 일만 있었다. 휴직, 미국 여행, 결혼식, 그리고 임신까지. 만일 아내가 금방 지쳤다거나 헤어지는 방법만 생각했다면 이루어질 수 없는 일들이다. 이렇게 우리 부부는 시련의 시간들을 통해 아빠, 엄마가 될 준비를 하고 있었는지 모르겠다. 내 친구 중에도 관계의 회복 이후에 부모가 된 경우가 있다. 그들도 동거를 시작하고 싸우고 화해하며 관계를 회복해나갔다. 이렇게 여러 가지의 시련을 극복하며 부모는 아이 맞을 준비를 하는 것 같다는 생각을 했다.

"아이는 하늘에서 내려준 천사다."라는 말이 있다. 나는 '하늘에서 부부를 지켜보던 아이가 때가 되면 내려오는 것'이라 생각한다. 물론 부모가 완벽하게 준비되었을 때 내려온다는 말이 아니다. 완벽한 부모는 없기 때문이다. 아이가 하늘에서 계획한 것을 이루도록 도와줄 수 있을 때 우리에게 내려오는 것이 아닐까?

불안한 결혼 생활을 극복하는 비법

　서로 다른 사람들이 싸우지 않고 평생 산다는 것은 거의 불가능에 가깝다. 하지만 부부 싸움이 계속된다면 결국 서로 앙숙이 되고 말 것이다. 아이가 태어나기 전 아내와의 관계를 돌아보도록 하자. 그리고 관계를 행복한 상태로 유지하도록 하자. 다음은 내가 경험을 통해 얻은 노하우이다.

　대부분의 부부들은 다른 환경에서 성장한 남녀가 만난 것을 알고 있을 것이다. 그렇다면 서로를 인정하자. 싸움은 보통 서로의 다름을 잘못된 것이라 탓하며 일어난다. 나는 계속되는 싸움에 고민한 끝에 답을 얻었다. 서로의 다름을 인정하는 것이다. 다름을 인정하는 순간 상대방의 잘못은 당연한 것이 된다.

　예를 들면 옷을 갈아입고 아무 곳이나 두고 자기 전에 몰아서 치우는 남편이 있다. 하지만 아내는 옷을 갈아입으면 바로 치워야 한다. 결국 정리 정돈한다는 결과는 같다. 과정만 다를 뿐이다. 하지만 바로 치우지 않는 것을 잘못되었다고 하면 싸움이 되는 것이다. 정말 어지러운 집안이 싫다면 그 광경을 보기 힘든 사람이 치우면 그만이다. 아니면 자기 전에 치워주기를 바라면 된다.

　다름을 인정하는 순간 가정의 평화가 찾아온다는 것을 명심하자.

2

아빠 육아는
대체 어떻게 하지?

/

중요한 것은 사랑을 받는 것이 아니라 사랑을 하는 것이었다.
- 윌리엄 서머셋 모옴

지금은 아빠 육아 시대

한 친구가 출산 소식을 전한 내게 이렇게 말했다.

"너도 이제 돈 버는 기계로 살게 되었구나. 축하한다."

이 세상 모든 아빠는 아이가 생기면 돈 버는 기계가 되는 것일까? 도대체 아빠는 언제부터 돈 버는 기계가 된 것일까? 돈만 벌어오는 아빠의 시대는 끝났다. 이제는 정말 육아에 참여하는 아빠가 대세인 것이다.

"아빠 육아는 많이 들어봤는데 어떤 것이 아빠 육아인지 모르겠어요."

아빠 육아라는 말은 요즘 시대에 흔히 들을 수 있는 말이 되었다. 동시에 '육아 대디, 육아빠' 등 '육아에 참여하는 아빠'라는 의미의 신조어들도 생겨나고 있다. 아빠 육아라는 것은 당신이 걱정하는 것보다 간단하다. 이미 당신도 하고 있는 것일 수 있다. '말로는 누구나 다하지.'라고 생각하는가? 자신을 돌아보고, 주변을 둘러보라. 생각보다 아빠가 육아에 참여하고 있는 가정이 많다. 내 지인들의 이야기만 들어보아도 그렇다.

"이번 주말에 아이와 어느 키즈카페에 갔는데 시설이 괜찮더라. 꼭 가봐."

이처럼 요즘 시대에는 아빠가 아빠에게 키즈카페를 추천한다. 아빠 육아는 특별한 방법이 있는 것은 아니다. 아빠가 아이와 함께 시간을 보내는 것이 바로 아빠 육아인 것이다. 물론 아이가 혼자 노는 것을 바라보고 있기만 한 것은 예외다.

직장인인 나는 일찍 퇴근을 하는 날에는 아이를 재운다. 그리고 주말에 아내가 일 때문에 집을 비우면 독박 육아를 경험한다. 이처럼 아이와 10분에서 48시간까지 아빠 육아를 하는 것이다. 정말 단순하지 않은가? 당신도 분명 어렵지 않게 아빠 육아를 할 수 있다.

아빠 육아나 부부관계에 대해 고민이 있다면 주저 없이 메일을 보내줄 것을 권한다. 책 표지에 메일 주소가 기재되어 있으니 참고하길 바란다.

아빠 육아라고 하면 어렵게 생각하는 사람들이 있다. 그 중 이렇게 말하는 사람이 있다.

"제가 출퇴근할 때는 아이가 단잠에 빠져 있어요."

아이가 자고 있다면 아이의 옆에 누워서 함께 자는 것도 아빠 육아이다. 이 경우 자연스럽게 아이와 스킨십을 할 수 있다. 아이가 아빠의 호흡을 느낄 수도 있다. 나는 아이가 자고 있다면 옆에 눕는다. 그리고 나의 손가락 한 개를 아이의 손에 쥐어준다. 정말 시간이 나지 않는 아빠인가? 그렇다면 나처럼 해보는 것은 어떨까? 스킨십을 통해 아이와의 관계가 좀 더 나아질 수 있다.

아이가 혼자만 잘 수 있는 침대의 경우에는 어떤 방법이 있을까? 아이의 잠자리를 봐줄 수도 있다. 아이가 꿀잠을 잘 수 있는 온도인지 이불은 덮고 자는지를. 그리고 아이 주변에 아빠의 체취를 남길 수 있다. 아이는 아빠가 없는 시간에 아빠의 체취를 느낄 수 있고, 그 체취로 인해 실제 아빠를 보았을 때 낯을 덜 가리게 될 것이다. 나는 이 방법을 '아이가 신생아일 때, 엄마의 젖을 찾는 방법이 엄마의 냄새이다.'라는 것에서 아이디어를 얻었다.

육아도 발상의 전환이 필요하다

정말 단군 이래로 아빠 육아를 할 수 있는 최고의 조건을 갖춘 시대이다. 발상의 전환을 이룬다면 말이다. 요즘 세대는 우리 부모님 세대와는 다르게 육아 휴직 제도가 활성화되어 있다. 육아 휴직을 쓰는 아빠들도 늘어가는 추세이다. 이렇게 좋은 시대에 살고 있는데 아빠 육아를 할 수 없다는 것은 핑계일 뿐이다. 육아를 어렵게만 생각하니 할 수 없는 것이다. 아이와 놀아주는 것만이 육아의 전부는 아니다. 다른 관점에서 생각하도록 하자.

요즘은 각종 SNS에 아빠가 업로드하는 게시물을 자주 볼 수 있다. 또, 무료 동영상 공유 사이트인 유튜브에서는 아빠들이 더 활기를 친다.

최근 사회적 이슈가 된 '보람튜브'가 대표적인 예라고 할 수 있다. 보람튜브를 처음 시작하게 된 계기는 이렇다. 맞벌이 부부였던 보람이의 부모는 친할머께 보람이를 맡겼다. 할머니의 건강 상태가 좋지 않아져 엄마가 퇴사를 했다. 그러면서 의무적으로라도 아이와 시간을 보낼 방법을 찾았다. 그렇게 영상을 찍어 올리게 되었다고 한다.

아이와의 시간을 보내는 방법은 이렇게 다양하다. 여러분들도 '나도 할 수 있겠다.'는 생각이 들지 않는가?

나는 아내의 뱃속에 내 아이가 있을 때부터 생각했다. '회사 일이 바빠 매일 야근을 하는데 과연 좋은 아빠가 될 수 있을까?', '좋은 아빠가 되려면 어떻게 해야 할까?'라는 고민 끝에 생각해낸 방법이 있다.

그 방법으로 글을 썼다. 아이가 글을 읽을 수 있게 되었을 때 나의 감정을 전하고 싶었다. 내가 인스타그램 개인 계정에 게시한 글 중 하나를 소개한다.

'해외여행보다 설레는 세상 어떤 여행보다 기대되는 10개월간의 너를 향한 여행.'

이 글이 별것 아니라 생각할 수 있다. 하지만 아이를 향한 내 감정들을 글로 옮긴 것이다. 이 글을 아이가 본다면 어떤 기분이 들까? '우리 아빠가 나를 가졌을 때 이런 감정이었구나.'라는 생각을 한다면 말이다. 이것이야말로 아빠가 할 수 있는 최고의 감정 교육이지 않을까?

그 다음은 아이의 성장 과정을 담은 영상을 게시할 수 있는 유튜브였다. 내 채널을 만들고 아이와 함께하는 시간을 촬영했다. 기저귀 가는 법과 같은 육아의 기초 상식을 강의 형식으로 게시하기도 했다. 누군가에게는 도움이 되길 바라는 마음에서였다. 이렇게 인스타그램 계정을 운영 중이다. 육아를 직접 할 수 있다. 그리고 육아를 하는 사람들을 위해 도움을 줄 수도 있다.

나의 부모님은 내가 어렸을 때 사진을 많이 찍어주셨다. 앨범이 굉장히 많은 것을 보면 알 수 있다. 부모님과 여행했을 때의 사진, 집에서 찍은 사진 등 다양한 추억을 남겨주셨다. 우리 부모님 세대에는 인터넷이 발달된 시대가 아니었다. 당연히 SNS, 유튜브와 같은 매체가 없었다. 하지만 내가 성인이 되어도 부모님과의 행복한 시간을 가슴에 새길 수 있다.

어느 날 부모님께서 만들어주신 앨범을 보았다. 그중 내가 돌 즈음의 모습이 담겨 있는 사진을 보았다. 어느 강가에서 아버지가 나를 안고 찍은 사진이었다. 사실 내겐 아버지가 나를 안아주신 기억이 없다. 아버지는 내가 안겨야지만 안아주시는 무뚝뚝한 가장이다. 하지만 나는 그 사진을 본 후 '앞으로 아버지를 많이 안아드려야겠다'는 생각을 했다. 그리고 실행했다.

나는 이제라도 쉬운 방법의 아빠 육아부터 먼저 시작하라고 말하고 싶다. 지금 시작해도 늦지 않는다. 당장은 겉으로 보이는 것이 없을 수 있다. 하지만 나의 경우처럼 성장하는 과정에서 부모의 마음을 느낄 수 있을 것이다.

아빠 육아를 어렵게 생각하는 사람들의 이유를 들어보면 이렇다.

"평일에는 야근, 주말에는 특근으로 아이와 함께할 시간이 없어요."

"먹고살기 바쁜데 어떻게 아이와 시간을 보내요?"

"육아 휴직을 쓸 수 있는 금전적 여유가 없어요."

직장인이라면 공감할 것이다. 핑계라는 것은 내면에서 만들어진다. 아이를 사랑하는가? 그렇다면 할 수 있다. 정말 시간이 없다고 해도 단 1분이라는 시간은 만들 수 있다. 아이가 당신이 출퇴근하는 시간에 자고 있다면 함께 잘 수 있는 여건을 만들어볼 수 있다. 발상의 전환은 육아를 어렵게 생각하는 당신의 생각을 바꿔놓게 될 것이다. 그리고 아이에게 아빠의 사랑을 전할 수 있다.

'절대 당신은 아빠 육아에 대해 모르는 아빠가 아니다.'라는 말을 명심하도록 하자.

3

우리 아이,
정말 잘 키우고 싶다

/

우리가 부모가 됐을 때 비로소 부모가 베푸는 사랑의 고마움이
어떤 것인지 절실히 깨달을 수 있다.
- 헨리 워드 비처

어떻게 해야 잘 키우는 것일까?

당신의 아이를 보며 이런 생각을 한 적이 있을 것이다. '내 아이는 잘 키우고 싶다.'라고. 아마 세상 모든 부모가 같은 생각을 하지 않을까? 그렇다면 잘 키운다는 것은 무엇을 의미할까? '잘 키우고 싶다.'라는 말에는 여러 의미가 포함되어 있을 것이다. 하고 싶은 것을 다 하게 해주는 것이 그 대표적인 예라고 볼 수 있다.

우리의 부모님도 같은 생각을 하셨을 것이다. 그 덕분에 지금의 우리

가 있는 것이다. 하지만 우리 모두가 부모님의 바람처럼 성장하지 않는다. 삶은 우리의 계획대로 다 이뤄지지 않으니 말이다. 아무리 노력을 해도 우리의 바람이 다 이뤄지지 않는다는 말이기도 하다.

당신은 지금 육아법 책을 읽고 있다. 그런데 아이를 위해 계획한 것들이 이뤄지지 않는다니 무슨 말일까? 여기서 우리는 '잘 키우고 싶다.'라는 말의 의미를 곱씹어볼 필요가 있다.

앞서 말한 '잘 키우고 싶다.'에 내포된 의미들은 아이의 꿈이 아닐 수 있다. 부모인 우리의 꿈일 것이다. 그렇다면 왜 이러한 생각을 했을까? 내가 내린 결론은 바로 '내 아이를 통한 대리 만족을 위해서'라는 것이다.

우리는 성장 과정에서 부족하다고 느꼈던 부분이 있었을 것이다. 그 부분을 내가 아이에게 해줌으로써 채우려는 것이라 생각한다. 주변을 둘러보면 꼭 한 명은 이렇게 이야기한다.

"내가 못 했으니 내 아이는 하게 해줘야지."

이렇게 말하는 부모 아래서 자라는 아이는 정말 행복할까?

얼마 전 종영한 드라마 〈스카이 캐슬〉의 내용 중 기억에 남는 장면이 있다. 입시 스트레스를 견디지 못한 아이가 자살을 한 장면. 부모의 욕심은 아이를 죽음까지 내몰았다. '부모'라는 이름이 붙여진 당신. 다시 한 번 생각해볼 필요가 있다. 내 아이를 위한다는 것이 '양육'으로 가는 길인지, '사육'으로 가는 길인지 말이다.

나도 중·고등학생 때 학원을 다녔다. 하지만 나는 공부에 흥미가 없었다. 나의 아버지는 알고 계셨을까? 나에게 공부하라는 말씀을 하신 적이 없는 것 같다. 어머니께서 공부하라고 하실 때 아버지께서는 옆에서 이렇게 말씀하신 기억이 있다.

"자기가 하고 싶으면 하겠지."

그 말을 들은 나는 지금까지도 '필요성이 느껴지면 공부하겠지.'라는 생각을 한다. 그리고 그렇게 살아왔다. 하지만 큰 어려움은 없었다. 내 삶에서 공부를 제대로 한 것은 단 한 번이었다. 취업을 위해 성적 관리의 필요성을 느꼈을 때이다. '돈을 벌고 싶다.'라는 꿈이 있었기에 가능한 일이었다. 그 전에도 꿈은 있었다. 하지만 나의 꿈이 아니라 부모님의 꿈이었다. 나는 이제껏 부모님의 인생을 대신 살아드린 격이었다.

나의 경우와 반대로 부모의 마음과 아이의 마음이 같다면 감사한 일이다. 하지만 아쉽게도 그런 경우는 거의 없다.

사람은 누구나 자신이 계획했던 것들을 이루며 살기 원한다. 사람은 꿈을 이루는 과정에서 시련을 겪거나 성취감을 맛보며 성장하게 된다. 성장 과정을 우리는 부모라는 이름으로 방해를 한다. 아이가 원치 않는 일인데 강요한다면 정말 잘 키우는 것일까? 물론 무조건 아이가 원하는 것을 다 도와준다고 잘 키우는 것도 아니다. 그렇다면 정말 내 아이를 잘 키우기 위해서 어떤 육아를 해야 할까에 대해 진지하게 고민할 필요가 있다.

나는 임신 소식을 알고 난 뒤 임신, 출산, 육아 관련 책과 뉴스 기사를 자주 보았다. 다른 사람들의 경험을 간접적으로 체험했다. 나도 내 아이를 잘 키우고 싶었다.

내가 알아본 육아법은 생각보다 다양했다. 출산 전에 시작하는 육아법부터 출산 후 개월 수에 맞는 육아법이 있었다. 그리고 더 세분화되어 있었다.

물론 이 모든 것을 적용하기는 힘들었다. 그리고 적용 단계에서 '아이가 잘못되면 어떻게 하지?'라는 불안 섞인 의문이 들기 시작했다. 내 아이와 맞는 방법이 있다. 하지만 그렇지 않은 경우도 있다. 불안은 쉽게 사라지지 않았다. 나는 아이를 맞이하기 위해 불안과 사투를 벌이며 공부해야 했다. 그렇게 나는 아빠 육아 공부를 시작했다. 내 아이를 잘 키우고 싶기 때문이다.

최고의 육아법은 '솔선수범 육아법'

어느 날 아내와 함께 TV 예능 프로그램을 시청하던 때였다. 프로그램에 출현한 어느 배우가 자녀 교육에 대한 이야기를 했다. 그중 "내 아이가 효도하기 바란다면 효도하는 모습을 보여줘라."라는 말이 내 심장을 저격했다. 최고의 육아법 아닌가 생각한다. 아마도 아이가 있는 가정에 모두 적용 가능한 육아법이라 생각한다.

책을 가까이하는 부모의 자녀들은 책을 가지고 놀게 된다. 위닝북스 권동희 회장이 SNS에 게시한 글을 보면 알 수 있다. 아이들이 책을 가지고 놀고 있는 영상이 게시되어 있다. 작가 부부라서 가능한 일일까? 분명히 당신의 아이도 당신의 말과 행동을 보고 그대로 따라 하는 경우가 있을 것이다. 이처럼 아이들의 뇌는 흡수성 강한 스펀지와 같다고 한다. 그래서 보고, 듣고, 느끼는 것을 모두 흡수해버리는 것이다.

나는 육아법이 특별할 필요가 없다고 생각한다. 아이를 잘 키우고 싶다면 더욱 특별할 필요가 없다. 오직 흡수성 강한 아이에게 부모의 말과 행동을 흡수할 기회를 주는 것뿐이다.

당신은 아이가 부모의 말과 행동을 따라 하는 것을 이용해야 한다. 이 방법을 나는 '솔선수범 육아법'이라 얘기한다.

나는 아이의 인성을 제일 중요하게 생각한다. 나의 첫 번째 바람은 인사를 잘하는 아이로 자라는 것이었다. 아마 아이가 뱃속에 있을 때부터 시작했을 것이다. 아파트 주민들과 엘리베이터에서 만나면 인사를 나눴다. 아이가 태어난 후에는 아이에게 감사 인사를 했다. 내 아이는 혼자서 인사를 하지 못한다. 목을 스스로 완벽하게 가누지 못하는 이유이다. 하지만 어느 날부터 내가 인사를 하면 따라서 고개를 까닥인다. 나는 아이에게 강요 대신 먼저 행동을 보여줬다.

이처럼 내가 말한 '솔선수범 육아법'을 적용시키면 아이 스스로 변화한다. 스스로 변할 수 있는 아이에게 굳이 당신의 꿈을 강요할 필요가 있을까? 우리의 꿈을 누군가에게 강요당한다고 생각하면 기분이 좋을까?

그럼 아이가 자주 떼를 쓴다고 가정하자. 당신은 당장 그 행동을 멈추고 싶을 것이다. 그래서 아이가 떼를 쓴다고 야단부터 친다. 그러면 아이는 더 크게 소리를 지르며 떼를 쓴다.

이제부터는 아이를 혼내기 전에 자신을 먼저 돌아보도록 하자. 그리고 내 아이는 무엇이든 처음 한다는 사실을 잊지 말자. 내 아이가 올바른 방향으로 갈 수 있도록 도와야 한다. 솔선수범하는 당신은 아이에게 가장 필요한 스승이다.

당신이 존재하는 이유는 이것이다. 바로 아이의 꿈을 이룰 수 있도록 초석을 다져주는 것. 그리고 아이에게 잔소리가 아닌 동기 부여를 해주는 것이다. 결코 강요를 하는 것이 잘 키우는 방법이 아님을 분명히 알았으면 한다.

잘 키우고 싶은가? 아이에게 꾸준하게 보여주자. 강요로 키우는 '사육'이 아닌 사랑으로 키우는 '양육'을 하자. 오늘부터 '솔선수범 육아법'을 실천해보기로 하자.

아이에게 바라는 것을 내가 먼저 하자

대부분의 사람은 성장하는 과정에서 부모님의 장점과 단점을 보게 된다. 나의 부모님께서는 항상 인성을 중요하게 생각하셨다. 그래서인지 나 역시 인성을 갖추는 것을 중요시했다. 그리고 아이에게 인성이 갖춰지길 바랐다. 나는 아이에게 강요는 하고 싶지 않았다. 그래서 선택한 방법이 솔선수범이었다.

아이는 부모의 행동을 따라 하며 배운다는 것을 이용한 것이다. 엘리베이터에 타고 내릴 때 마주하는 사람과 인사하는 모습을 보여주었다. 집에서는 아이가 바른 행동을 했을 때 칭찬과 감사 인사를 했다. 그 결과 아이는 고개 숙여 인사하는 법을 배웠다.

이처럼 부모가 원하는 아이로 키우고 싶다면 솔선수범 하는 모습을 반복적으로 보여주도록 하자. 그렇다면 분명 아이도 그것이 습관이 될 것이다. 물론 올바른 행동으로 말이다.

4

나는 퇴근 후
육아 대디가 된다

/

아이를 기르는 것은 장난이 아니다.
- 야누쉬 코르착

퇴근 후 아빠 육아하라

우리 부모님 세대는 먹고살기 바빴다. 그래서 대부분의 아빠들은 사회생활을 하며 가정생활에는 소홀했다. 관심이 없다기보다 생활고에 찌들어 있었다. 요즘의 아빠들도 가정생활보다는 사회생활에 전념한다. 하지만 어떻게든 관심을 가지려 한다. 우리 부모님 세대 때보다 육아하는 아빠를 주위에서 쉽게 찾아볼 수 있다.

점심시간을 이용해 아내와 통화하는 사람이 있다. 통화를 하며 아이가 어린이집에는 잘 갔는지 물어본다. 이처럼 사회생활 중에도 가정생활에 책임을 다한다. 직장인 엄마뿐 아니라 직장인 아빠도 마찬가지다.

아빠의 육아 휴직 비율은 해마다 늘어가고 있다. 그만큼 아빠들이 육아에 참여하는 가정이 늘었다는 것을 보여주는 것이다. 육아 휴직이 아빠들 사이에서 유행처럼 번져가고 있다. 물론 육아 휴직을 사용할 수 있는 환경이 만들어진 경우이다. 그럼 육아 휴직을 사용하지 못하는 경우에는 아빠 육아를 하지 못할까? 할 수 있는 방법이 있다.

'퇴근 후 ~해라.'라는 말이 들어가는 책들을 많이 볼 수 있다. 나는 시중의 책 제목을 보며 퇴근 후 아빠 육아도 가능하다는 생각을 했다. 퇴근 후 회식에 참석하기보다는 귀가하여 아이와 시간을 보내는 것이다.

실제로 내 주위에는 퇴근 후 회식보다 육아에 전념하는 아빠들을 많이 본다. 요즘 회사들은 육아로 인해 회식에 불참하는 것에 대해 조금은 관대해져 있다. 소위 말하는 '꼰대'들을 제외하고는 고생이 많다고 격려를 해준다.

이처럼 우리 사회는 점점 아빠들의 육아 참여를 권하고 있다. 육아 휴직을 다녀오는 아빠들도 심심치 않게 보게 된다. 아직 아이가 태어나지도 않았는데 육아를 시작하는 사람도 있다. 임신 사실을 알자마자 태교를 통한 아빠 육아를 하는 것이다. 나 또한 임신 소식을 듣고 나서 육아에 관심을 가졌다. 그리고 태교에 동참했다. 아빠라면 당연하겠지만 그렇지 않은 사람도 많이 봤다. 그들은 육아는 엄마가 하는 것이라고 말한다. 정말 놀라지 않을 수 없었다.

이제 아빠 육아가 당연함을 넘어 유행이 된 시대이다. 유튜브 채널들만 봐도 금방 알 수 있다. 아빠 육아가 주제인 유튜브 채널의 수가 점점 증가하고 있다. 어떤 아빠는 육아 휴직을 내고 유튜브 크리에이터로 활동한다. 휴직 기간을 아이와 함께 보내며 추억을 만드는 것이다. 육아 휴직 사용의 좋은 사례이다.

나 또한 아이가 생기고 매일 퇴근 후 유튜브 채널 기획을 했다. 그리고 얼마 뒤 채널 개설 후 영상을 게시하기 시작했다.

내가 유튜브를 하는 것이 퇴근 후 육아 대디가 되는 것과 무슨 상관이 있을까? 내 유튜브 채널에는 아이와 보내는 시간을 영상에 담아 게시한다. 의무적으로라도 영상 촬영을 할 수 있게 된다. 반복하다 보면 자연스럽게 아이와의 시간을 추억으로 남길 수 있는 것이다.

지금은 임신·출산·육아를 주제로 채널을 운영 중이다. 이 중 '성공육아하는법'이라는 주제의 영상이 있다. 이 영상은 내가 처음 아이를 키우며 터득한 노하우를 담았다. 나중에 내 아이가 아이를 낳을 때 보여줄 수 있다. 얼마나 좋은 교육 자료인가? 육아 참여도 하고 미래의 아이에게 선물을 할 수도 있다.

영상 편집으로 시간이 조금 더 필요하다는 단점은 있다. 그렇다면 비교적 시간을 덜 쓰는 방법을 소개하겠다. 물론 퇴근 후에 할 수 있는 방법이다. 바로 '한 줄 육아 일기'이다.

피곤한 몸을 이끌고 퇴근해서 육아 일기를 쓰는 것이 불가능하다고 생각하는가? 매일 쓸 수 없다면 특별한 날에만 써도 좋다. 그렇게 쓰다 보면 재미가 붙을 것이다. 초보 아빠들을 위해 내가 쓴 '한 줄 육아 일기'를 공유한다.

"오늘도 미안해."

내가 야근으로 늦은 시간 귀가했을 때 쓴 일기이다. 아이가 자고 있는 모습을 보았다. 그 모습을 사진으로 찍어 미안한 마음과 함께 쓴 것이다. 정말 쉽지 않은가?

어린 시절 일기를 써본 적이 있을 것이다. '나는 오늘 행복했다.'라는 식의 감정을 쓴다. 육아 일기에 아이의 성장하는 모습을 적어도 좋다. 아빠 육아를 하며 느낀 감정을 함께 써보는 것이다. 이렇게 한 줄의 글로 아이가 아빠의 감정을 알 수 있게 된다.

어린 시절 나의 가족은 감정 표현을 어려워했다. 서운한 감정을 15년이 넘어 표현할 정도였다. 나는 아버지께서 유치원 행사 때 오시지 않았던 것이 서운했다. 동생 유치원 행사 때는 함께하셨는데 말이다. 성인이 된

후 부모님과 술자리를 할 때 그 서운함을 표현한 것이다.

유치원 때의 일을 성인이 되어 표현했다. 얼마나 어려운 일이라고 15년이나 걸렸을까? 나는 이 일을 계기로 상대방에게 진심을 전하는 방법을 생각하게 되었다. 그 끝에서 찾은 방법이 바로 '글'이다. 그래서 나는 내 아이에게 진심을 전하고 싶은 부모에게 퇴근 후 육아 일기 쓰기를 추천한다. 이렇게 한다면 조금 더 자신의 감정에 솔직할 수 있다. 그리고 아이에게 더 진심을 다해 사랑할 수 있게 된다.

육아는 보물찾기 놀이다

어느 날 야근하던 나는 집에서 아기 보는 것보다 일하는 게 좋지 않느냐는 말을 들었다. 기분이 굉장히 불쾌했다. 나는 빨리 퇴근해서 아이를 보고 싶었기 때문이다. 그 날 퇴근길 발걸음이 다른 날보다 무거웠다. 진지하게 육아 휴직에 대해 고민을 한 날이기도 하다.

왜 일하는 게 육아보다 좋을까? 나는 집에서 육아만 하고 싶은 아빠 중 한 사람이다. 내가 이상한 걸까?

뉴스 기사를 보면 알겠지만 최근 들어 육아 휴직을 사용하는 아빠들이 크게 늘고 있다. 아빠가 육아하는 가정이 늘고 있다는 것이다. 결코 내가 이상한 사람은 아니었다.

내 주위 대부분의 아빠들은 최신 IT기기가 나오면 가지고 싶어 한다.

새로 출시된 자동차를 사고 싶어 하기도 한다. 이와 같이 최신 유행을 쫓는 당신이라면 요즘 최고로 유행하고 있는 아빠 육아의 길을 걸어보자. 하루가 다르게 성장하는 아이의 모습을 지켜볼 수 있다.

"아빠는 육아를 돕는다."라는 말은 옛말이 되었다. 이제는 '아빠가 육아를 함께하는 것'이다. 육아 휴직 사용을 못하는 아빠는 퇴근 후에 하면 된다. 나 또한 퇴근 후에 아빠 육아를 한다. 내가 해냈다면 당신도 할 수 있다.

아직도 아빠 육아가 어렵다고 생각하는가? 육아를 하며 아이에게 숨겨진 보물을 찾는다고 생각해보도록 하자.

아이의 아랫니가 자라 있는 것을 발견했을 때는 콜럼버스가 신대륙을 발견한 것만큼이나 놀랐다. 또 다른 날은 아이가 엄지와 검지를 모아 'OK.' 모양을 하고 있었다. 그래서 나는 "OK."라고 말했다. 그때부터 "OK."를 외치면 그 모양을 만든다.

이처럼 아이의 모습에서 새로운 것을 찾아보자. '오늘은 어떤 모습을 찾을 수 있을까?'라고 생각하는 것만으로 퇴근길이 더욱 행복해질 것이다. 그리고 육아에 지친다는 말은 당신 입에서 나오지 않을 것이다.

퇴근 후 아이와 함께하는 나는 너무나 행복하다. 한 선배는 주위에 나만큼 육아에 재미를 느끼는 사람이 없다고 얘기한다. 그리고 바람직한 아빠라고 얘기한다. 여러분도 나처럼 육아에 재미를 느끼는 바람직한 아빠가 될 수 있다.

내가 육아에 재미를 느끼는 이유는 간단하다. 보물찾기라고 생각하기 때문이다. 아이가 하루가 다르게 성장하는 모습을 보물이라고 생각해보자. 어제는 없던 아이의 아랫니가 생겼다면 보물을 찾은 것이다. 지금부터라도 퇴근 후 아빠 육아로 보물찾기를 해보자. 아이의 모습에서 찾는 보물은 세상 어느 것보다 값진 보물이 될 것이다.

엄마가 행복해야
가족이 행복하다

/

사랑이 아니면 결혼하지 말라.
다만, 당신이 사랑스러운 점을 사랑한다는 사실을 알라.
- 윌리엄 펜

엄마는 아이의 거울이다

아내가 출산을 2개월 정도 앞둔 어느 여름날의 일이다. 아내의 몸이 8개월이 되니 많이 무거워졌다. 날씨도 더워 많이 힘들어했다. 그럼에도 우리 부부는 출산 전 양가 부모님 댁에 방문하기로 했다. 출산 후에는 한동안 못 찾아뵙게 되는 탓이었다.

주말 이틀 동안 천안에서 서울, 서울에서 인천, 그리고 다시 천안으로 이동했다. 아내는 피곤하여 집에 도착해서 씻자마자 침대에 누웠다. 얼마 뒤 아내는 배를 부여잡았다. 배 뭉침이 생긴 것이다. 나는 다가가 배를 어루만졌다. 동시에 인터넷에 배 뭉침 이유를 검색했다. 엄마의 컨디션이 좋지 않을 때 생긴다는 글을 보았다.

나는 배를 어루만지며 아이에게 이제 괜찮다고 말을 해주었다. 아내의 머리도 쓰다듬으며 괜찮아질 것이라고 안심을 시켰다. 그렇게 몇 분이 지나고 거짓말처럼 배 뭉침이 사라졌다. 아내가 무리한 탓에 배 뭉침이 생긴 것이었다.

엄마와 아이는 탯줄로 연결되어 한 몸이 된다. 그래서 아이는 뱃속에서 엄마의 모든 것을 그대로 전달받는다. 그렇다면 탯줄이 사라진 후에는 어떨까? 몸이 분리되어 엄마의 감정을 느낄 수 없는 것일까?

회사에서 조금 일찍 퇴근한 날이었다. 아내가 아이와 놀아주는 중이었다. 둘은 신나서 박장대소를 하고 있었다. 그러던 중 나와 아내는 대화를 시작했다. 그러다 얼마 뒤 아내의 표정과 말투가 바뀌니 아이가 울음을 터뜨렸다. 우리는 놀라서 대화를 멈추어야 했다. 우리는 처음에 아이가 울음을 터뜨린 이유를 몰랐다. 아내와 나는 아이가 울기 직전의 상황을 돌이켜봤다. 아이가 다치거나 우리가 큰 소리를 내지도 않았다. 원인을 생각하던 끝에 답을 찾았다. 나와 아내가 대화를 나누던 중 아내의 기분이 언짢아진 때였다. 아내의 기분을 고스란히 아이가 느끼고 있었던 것이다.

아이가 부모의 감정을 그대로 느낀다고 들은 적이 있다. 하지만 직접 경험을 하니 정말 놀라웠다. 엄마와 아이의 몸은 출산 후 분리가 되었다. 하지만 아이는 엄마의 표정과 말투에서 감정을 읽었다.

물론 엄마에게만 해당되는 일은 아닐 것이다. 아이의 정서 발달에 좋은 영향을 주기 위해서는 부모 모두 행복해야 한다. 하지만 엄마가 아빠보다 더 행복해야 한다.

왜 엄마가 더 행복해야 한다고 이야기하는지 궁금하지 않은가? 질문의 답은 출산 현장에서 찾을 수 있다. 아이와 유대감을 가장 먼저 형성하는 사람이 엄마이기 때문이다. 출산 직후에 아이가 엄마 품에 안긴다. 이를 통해 엄마와 아이 사이에 유대감이 형성되는 것이다.

유대감이란 '서로 밀접하게 연결되어 있는 공통된 느낌'이라고 사전에 나온다. 대부분 아빠보다는 엄마가 유대감 형성이 비교적 쉽다. 엄마는 수유를 하거나 아이를 돌보며 신생아 시절을 함께하고 유대감을 형성하기 때문이다.

혹시 아빠도 유대감 형성을 빨리 이루고 싶은가? 그래서 조금은 빠르게 아빠와 유대감을 형성할 수 있는 정보를 공유한다. 요즘 대부분의 산부인과에서 아빠도 유대감 형성의 시기를 앞당길 수 있는 프로그램이 있다. 바로 '아빠 캥거루 케어'이다. 나는 산부인과에서 이 프로그램을 신청했다. 이 프로그램을 신청하면 아이가 태어난 후 1시간도 되지 않아 아빠가 안아볼 수 있다. 이를 하지 않았을 때와 비교하면 더 빠르게 유대감 형성이 되는 것이다.

'엄마는 아이의 거울'이라는 말을 들어본 적이 있다. 아이는 엄마를 자신의 분신이라고 생각한다는 것이다. 그렇기 때문에 엄마가 행복하면 아이도 행복해지는 것이다. 엄마와 자신을 하나라고 생각하는 아이를 위한다면 아내를 행복하게 만들어주도록 하자.

행복은 전염된다

퇴근 후 아내에게 맛있는 요리를 만들어주도록 하자. 또는 아내가 힘들어하는 집안일을 해보자. 아내가 가장 힘들어하는 것이 설거지인가? 그렇다면 설거지를 해보는 것이다. 이처럼 아내를 위한 일을 해서 행복감을 주도록 하자. 아마 아내가 아이와 함께하는 시간에도 더 많이 웃게 될 것이다.

내가 아내를 행복하게 하는 방법 세 가지를 소개한다.

첫째, 연락을 자주 한다.

평소에 연락을 자주 할 수 없는 경우도 있을 것이다. 하지만 화장실을 가거나 식사시간을 이용할 수는 있을 것이다. 나는 점심시간이나 업무

중 화장실 가는 시간을 이용해 틈틈이 연락하는 편이다. 이를 내 아내는 관심을 가지고 있는 것 같아 좋다고 했다. 이처럼 내가 연락을 자주 하라는 것은 틈틈이 아내에게 관심을 가지고 있다는 표현을 하라는 것이다.

둘째, 집안일을 함께한다.

거의 모든 아내들이 원하는 것이 아닐까? 집안일은 정말 '해도 해도 끝이 없다.'라는 말이 있다. 나도 경험해보았기에 100% 공감한다. 끝이 없는 집안일을 함께해서 잠시의 휴식 시간을 준다면 아내도 행복하지 않을까? 설거지나 빨래를 도맡아 해주는 것도 행복을 줄 수 있는 방법이다. 나는 집에서 나오는 쓰레기 분리수거를 하고 있다. 주말에는 빨래를 하기도 한다. 물론 세탁기가 도와주지만.

셋째, 둘만의 시간을 보낸다.

둘만의 시간을 보낸다는 것은 아이가 생기면 쉽지 않은 일이다. 베이비시터나 양가 부모님의 힘을 빌리지 않고서는 말이다. 근사하게 차려입고 외식을 하는 것을 상상하기도 할 것이다. 하지만 아무런 도움이 없는 상황에서는 거의 불가능에 가깝다. 그래서 내가 추천하는 방법은 집에서 둘만의 시간을 가지는 것이다. 아이가 자는 시간을 이용하는 것이다. 아이가 일찍 잠에 들었다면 함께 영화도 한 편 볼 수 있다. 안주를 만들어 술잔을 기울이며 평소 하지 못한 대화를 할 수도 있다.

당신만의 아내를 행복하게 하는 방법이 있을 것이다. 하지만 실천하기 쉽지 않을 것이라 생각한다. 일을 하는 직장인이라면 몸도 마음도 피곤하다는 것을 알고 있다. 그래서 나는 직장인 육아 대디로서 쉽게 할 수 있는 것들만 소개한다. 일단 간단한 것부터 시작하도록 하자. 처음부터 너무 거창하게 약속하고 지키지 못하면 더 괘씸하게 생각할 것이다. 그러니 잊지 말고 하도록 하자. 이를 위해 스마트폰 알람 기능이나 메모 기능의 사용을 추천한다.

다음은 아이의 발달 사항과 관련이 있는 내용이다. 영유아기인 만 0세부터 3세까지는 뇌의 모든 부분이 발달해나간다. 그중 정서적인 부분이 크게 발달한다. 이 시기에 느끼는 감정은 인생 전반에 영향을 끼친다. 그렇기 때문에 이 시기에 긍정적인 감정을 많이 알려주어야 한다. 그 임무 수행은 바로 부모인 우리가 해야 하는 것이다.

엄마를 행복하게 해야 하는 이유는 여기에 있다. 앞서 유대감에 대해 말했다. 감정적으로 아이와 가장 가까운 사람은 아빠보다는 엄마이다. 엄마를 통해 더 쉽게 전달된다는 것이다. 아이는 엄마를 자기 자신과 동일하다고 여긴다고 말했다. 그렇기 때문에 엄마의 말과 행동을 더 빨리 습득하는 것이다.

지인의 이야기다. 엄마가 무의식중에 '아이씨!'라고 한 것을 아이가 따라 하더란다. 그리고 자신의 기분이 좋지 않은 날에는 아이가 덩달아 풀이 죽어 있었다고 한다.

이처럼 아이는 엄마의 영향을 더 크게 받는다. 보통의 가정에서는 아빠에 비해 엄마가 더 많은 시간을 아이와 함께하기 때문이다. 그러므로 아빠는 엄마의 기분을 생각해야 한다. 물론 아빠의 기분도 행복해야 한다. 아빠의 기분이 좋지 않은데 엄마를 행복하게 할 수 있겠는가?

모든 감정은 전염이 된다. 그러므로 긍정적인 생각을 할 필요가 있다. 『2억 빚을 진 내게 우주님이 가르쳐준 운이 풀리는 말버릇』이라는 책을 통해 저자인 고이케 히로시는 "아내의 행복도가 높아지면 자기 평가도 높아진다."라고 이야기한다.

무슨 의미일까? 당신이 아내를 행복하게 하면 당신도 행복해진다는 것이다. 아이도 마찬가지이다. 아내를 행복하게 하는 것이 모두를 위한 것이라고 생각하도록 하자. 더 행복하게 만들어주고 싶어질 것이다.

6

하마터면 아이 없이
살 뻔했다

/

가정은 있는 그대로의 자신을 표현할 수 있는 장소다.
- 앙드레 모루아

자신 있는 아빠, 자신 없는 엄마

나의 아버지는 8남매 중 막내이다. 그래서 사촌 형, 누나들과는 나이 차이가 많이 난다. 그래서 어린 시절 명절이 되면 조카들과 놀아주었다. 나도 어렸지만 아이들이 울면 달래주기도 했다. 그 덕분인지 육아에 대한 두려움은 없었다. 물론 내 경험이 육아의 전부는 아니라는 것도 알았다.

나는 아이를 빨리 낳고 싶었다. 그래서 고등학생 때부터 '결혼하고 싶다.'라는 말을 입에 달고 살았다. 그리고 매일 배우자에 대한 기도를 했다. 그 결과 지금의 아내와 결혼을 할 수 있었다.

우리 부부는 연애할 당시 결혼에 대한 얘기를 많이 했다. 정말 행복하게 살 수 있을 것 같았다. 하지만 우리의 신혼 초는 싸운 기억이 많다. 서로를 이해하기 힘든 부분이 많아서였다. 지금은 '왜 그때는 이해하려고 했을까? 인정하면 되는 일인데.'라는 생각을 한다. 정말 사소한 것 하나까지 서로 간섭하고 싸움을 했다. '이런 일로도 싸울 수 있구나.' 하는 생각이 들 정도로 사소한 것이었다. 계속되는 싸움으로 우리는 지쳐 있었다. 당연한 결과로 아내는 아이를 원하지 않았다. 하지만 시간이 지날수록 우리의 관계는 호전되었다. 서로의 다름을 인정하게 된 것이다. 하지만 여전히 아이를 낳지 않았다.

어느 날 아내와 대화하던 중 아이 얘기를 꺼냈다. 하지만 아내는 아이를 잘 키울 자신도 없다고 했다. 나는 순간적으로 '우리 아이를 낳게 되면 내가 다 키워야 하나.'라는 생각을 했다. 그리고 결국 '아이 없이 살자.'라는 생각을 하며 아이 낳고 싶은 마음을 잠시 접었다. 당시 내 주위 사람들도 '아이가 생기면 어때요?'라는 질문에 하나같이 부정적으로 이야기했다. 그래서 아이를 더 가질 수 없었는지 모르겠다. 하지만 부정적인 생각은 얼마 가지 않았다. 나는 내 아이가 어떤 모습일지 너무나 궁금했다. 하지만 아내의 마음은 여전히 아이를 원하지 않고 있었다.

세상에는 부모가 원하든 원하지 않든 아이가 생긴다. 하지만 원해서 생기는 것이 당연하다고 생각한다. 일단 원하지 않는 경우에는 몸과 마음이 준비가 되어 있지 않을 가능성이 많다. 준비가 되어 있지 않으면 육아는 지옥이 될 것이다. 신경 써야 하는 것들이 많아 스트레스가 생기기 때문이다. 그래서 나 역시 아내가 원치 않는 임신은 피하려 했다. 단지 마음으로 바라고 있을 뿐.

특별한 동기 부여

우리 집에는 반려견이 한 마리 있다. 아내의 생일을 맞이하여 선물한 것이다. 그때는 아내가 혼자 있는 동안 외롭지 않았으면 했다. 아내와 함께 애견샵에 갔다. 갈색 토이푸들 한 마리가 눈에 들어왔다. 정말 무언가가 나를 끌어당기는 것 같았다. 하지만 다시 생각해보아야 했다. 지금 우리 형편에 키울 수 있을지 차에 타서 한참을 고민했다.

고민 끝에 분양을 결정했다. 반려견의 이름은 '모카'라고 지어주었다. 그렇게 우리는 한 가족이 되었다.

아내는 어렸을 때부터 애완견을 키웠다. 그래서인지 모카에게 무한한 애정을 쏟았다. 밥도 잘 챙겨주고 목욕도 해주었다. 예방접종도 잊지 않았다. 그렇게 아내는 '모카의 엄마'가 되었다. 모카를 키우기 시작한 지 몇 달 후에 아내는 나에게 이야기했다.

"우리 아이가 생겨도 잘 키울 것 같지?"

나는 뜻밖의 이야기를 들어 당황했다. 하지만 정신 차리고 아내에게 이제 우리 아이를 가질 마음의 준비가 됐는지 물었다. 아내는 할 수 있을 것 같다는 이야기를 해주었다. 그때 나는 너무 행복했다. 벌써 아이가 생긴 것처럼 기대에 부풀었다. 그렇게 한동안 매일 기대하며 보내게 되었다.

반려견 모카가 우리 집에 온 것은 신의 뜻이라고 생각된다. 그때 왜 그렇게 끌렸는지 설명을 할 수가 없다. 그렇게 고민을 하며 선택한 것도 머리로는 이해가 되지 않는다. 지금 생각해도 모카가 우리 집에 온 일은 정말 신기하다. 나는 내 아이를 간절히 원했다. 아이의 모습이 궁금하기도 했다. 하지만 그보다는 내 아내, 아이와 함께 행복한 가정을 이루고 싶었다. 이 간절함이 하늘에 닿은 결과인 것 같다.

아이가 오기 전까지 있었던 일들은 우리 부부를 더 나은 부모로 성장시키기 위한 것이라 생각한다. 나에게 '상대방을 이해하려 하지 말고 인정해라.'라는 깨달음을 준 것이다. 아이의 탄생은 나에게만 깨달음을 준 것은 아니다. 아내에게도 반려견 모카를 통해 '아이를 키울 수 있다.'는 것을 깨닫게 했다.

결혼하고 싶으면 아이를 가지라고 말하는 사람이 있다. 이렇게 무책임한 말이 어디 있는가? 그런 말을 하는 사람은 가까이하지 말길 바란다. 인생에 도움이 되는 사람은 아닐 것이다.

아이의 탄생은 너무나 소중하다. 하지만 원하지 않는 상황에 생긴다면 어떨까? 아마 소중함을 모를 가능성이 높다. 그래서 나는 두 사람 모두 준비되었을 때를 기다리라고 말해주고 싶다.

여러분도 많은 일들을 겪고 있을 것이다. 노력을 하는데도 잘 되지 않는 경우가 있다. 반대로 생각도 하지 않았는데 아이가 찾아온 경우도 있다. 나는 어떠한 경우든지 겸허히 받아들이라고 말하고 싶다. 더 행복한 가정을 만들어주기 위한 신의 뜻일 수 있기 때문이다. 내가 이미 아이가 생겨서 이런 생각을 한다고 생각하는가? 내 확신을 믿어보기 바란다. 당신이 겪고 있는 시련에서 어떠한 깨달음이 있는지 생각해보도록 하자. 지금의 시련을 내일의 축복이라고 생각하자.

살면서 아이가 생겼다고 해서 무조건 행복할 수 없을 수도 있다. 하지만 아이가 생김으로써 행복이 찾아올 것이라는 확신을 가져보도록 하자. 성경에는 "믿는 자에게 능히 못할 일이 없음이니라."라는 말이 있다. 확신을 가진다면 반드시 그것이 실현될 것이다.

나에게 아이를 간절히 원하는 마음이 없었다면 어떻게 되었을까? 시련이 지나가길 기다리지 못했을 것이다. 우리 부부는 시련을 겪으면서도

'행복하게 될 것'이라고 확신했다. 그래서 시련을 기다리고 결국 이겨낸 것이다. 그리고 깨달음을 얻을 수 있었다. 그 덕분에 아이 맞을 준비가 되었다는 것을 알게 된 것이다.

나는 항상 '행복한 가정을 이미 이뤘다.'라는 확실한 믿음을 가지고 있다. 그래서 아이가 생겼다는 것을 알고 난 뒤에도 꾸준히 성장한다. 아이가 아내의 뱃속에 있을 때부터 꾸었던 꿈을 이뤘다. 바로 아이를 위한 책을 쓰기 위해 생각했던 '작가', 아이와의 추억을 간직하기 위한 '유튜브 크리에이터' 말이다. 확신이 없었다면 시작하지도 못했을 일들이었다. 그리고 그 확신이 없었다면 내 아이도 만나지 못할 뻔했다.

우연을 가장해 필연적으로 반려견 모카를 만났다. 이후 모든 것이 더 나은 방향으로 변화되었다. 모카를 통해 우리 부부를 더 성장시켜 주심에 항상 감사할 따름이다.

처음으로 아빠가
된다는 것은

/

사랑은 무엇보다도 자신을 위한 선물이다.
-장 아누이

복잡한 감정 속 인생의 터닝 포인트

내가 처음 아빠가 되었다는 것을 알았을 때였다. 내 벅차오르는 감정을 무엇으로든 표현해야 했다. 그래서 나는 글을 쓰게 되었다.

"멀리서 듣게 된 소식. 싸늘한 겨울 밤 공기를 뚫고, 너와의 첫 만남을 위해 그녀 곁으로 갔다. 그 두 줄을 통해 전달된 따뜻함, 싸늘한 겨울 밤이 녹았다."

이 글처럼 아이의 탄생 소식을 들으면 감정의 변화가 생길 것이다. 복잡 미묘한 감정이 들 수도 있을 것이다. 정말 말로 설명하기에는 역부족이다.

나는 임신 테스터기 결과를 보았을 때 감정이 벅차올랐다. 산부인과에서 초음파 사진을 보았을 때에는 '내가 좋은 아빠가 될 수 있을까?'라는 생각이 잠깐 머릿속을 스쳤다. 하지만 이내 머리와 마음속에는 행복으로 가득 채워졌다. 이처럼 아이가 생기면 순간마다 감정이 복잡할 것이다.

주위 친구들에게 물어본 적이 있다. 임신 사실을 알았을 때 기분이 어땠느냐고. 돌아오는 대답은 그저 '신기하다.'였다. 그러나 그 순간을 경험한 나는 '신기하다.'라는 말로 다 표현할 수 없었다. 경험해본 적 없는 사람들은 모를 것이다. 경험한 사람도 그것을 한마디로 설명하기는 어려울 것이다. 아빠가 된다는 것은 이처럼 복잡 미묘한 감정을 느낄 수 있는 경험이다.

아이가 뱃속에 있을 때의 일이다. 일을 하다 허리 디스크가 터진 것이다. 군대에서 다친 이후 허리 운동을 많이 했다. 그래서 걱정을 한 적이 없었다. 병원에서도 근육이 잘 발달해 있다고 했다. 그리고 장시간 쪼그려 앉아 일을 해서 터진 것 같다고 했다. 그 이후에도 꾸준히 치료를 받았다. 하지만 좋아지지는 않았다. 그렇게 아이를 맞이했다.

어느 날 아이를 들어올렸다. 그 당시 5kg가 채 되지 않은 아이였다. 갑자기 허리 통증이 와서 아이를 떨어트릴 뻔했다. 그날은 죽을 때까지 잊지 못할 것이다. 지금도 그때 일을 회상하면 심장이 떨린다.

이렇게는 안 될 것 같았다. 아내에게 아이와 함께 친정에 좀 다녀와 달라고 부탁했다. 아이가 태어난 지 얼마 되지 않아 생이별을 한 것이다. 한 달 동안 퇴근하면 거의 집에만 누워서 시간을 보내야 했다. 더군다나 사랑하는 아내와 아이를 보지 못했다. 정말 지옥이 따로 없었다. 생이별을 경험해보지 않은 사람은 모른다.

나의 아버지는 젊은 시절 원단 운송업을 하셨다. 운송되는 원단은 통나무처럼 커다랗고 무거웠다. 그 일을 하시다가 허리를 다치셨다. 며칠 동안 일을 가지 못하셨다. 그때 아버지는 화장실도 힘겹게 오가셨다. 생계를 위해 오래 쉬시지는 못했다. 복대를 차고 다시 출근하셨다. 허리를 부여잡고 출퇴근하시는 아버지의 모습이 아직도 생생하고 가슴 아프다.

아빠가 되니 아버지의 마음을 알 수 있었다. 왜 아픈 몸을 이끌고 일터로 나가셔야만 했는지 말이다. 가족들을 위해 고통 따위는 문제가 되지 않는다. 나 또한 아버지처럼 가족을 위해 고통을 이겨낸다. 이것이 바로 부모의 마음인 것이다.

지옥을 맛본다고 표현할 만큼 힘들기도 하다. 그러다 아빠라는 이름으로 다시 일어선다. 하지만 이 역시도 아이가 생긴 것에 대한 복잡한 감정의 일부일 뿐이다.

나는 1년이 넘도록 병원을 다녔다. 가족을 위해 참고 견뎠다. 연봉을 높이기 위해 진급을 바란 것도 있었다. 하지만 지금 당장 일을 쉴 수 있는 형편이 아니었다. 수없이 나를 다독이며 버텼다. 점점 호전되는 것이 느껴졌다. 운동을 할 수 있는 상태인지 확인하기 위해 검사를 예약했다.

검사 당일 나는 퇴근 직전 일을 하다 허리에서 찢어지는 느낌을 느꼈다. 동시에 통증이 몰려왔다. 그때 나는 다시 디스크가 재발했다는 것을 직감했다. 그리고 검사 결과에서 내 직감은 확신이 되었다. 그날 이제껏 버텨온 나 자신이 미련하게 생각됐다.

치료를 받는 기간 동안 어떤 것이 가족을 위한 길인지 생각했다. 다시 생이별을 하며 지옥을 맛보고 싶지 않았기 때문이다. 내가 가족을 위하는 방법이 잘못되었다는 것을 깨닫게 되었다. 당신도 가족을 위해 당신의 무엇인가를 포기한 적이 있는가? 아빠가 된다는 것, 부모가 된다는 것은 무엇인가를 희생해야 할 때가 있다. 하지만 그것이 진정으로 가족을 위한 것인지 다시 생각해볼 필요가 있다.

나는 이런 생활을 끝내기 위해 가장 먼저 가난에서 벗어나야 했다. '돈의 노예로 살다가는 건강을 잃을 수 있겠다'고 생각한 것이다. 그 생각의 결과 책 쓰기를 결정하게 되었다.

나는 아내의 임신 소식을 듣고 아이를 위해 글을 썼다. 그리고 책으로 만들고 싶었다. 또 아이와의 추억을 간직하기 위해 유튜브를 시작했다. 그렇게 하나씩 실현해가던 중 유튜브 채널 '김도사tv'를 만나게 되었다.

이 채널에서는 책 쓰기 방법을 알려주었다. 그리고 성공학에 대한 영상도 있었다. 그 영상을 보며 내가 성공하는 모습을 그렸다.

그러던 어느 날 친구를 만나며 〈한국책쓰기1인창업코칭협회(이하 한책협)〉을 알게 되었고, '김도사tv'에 나오는 김도사님께 코칭을 받게 되었다. 아빠가 되면서 가족을 위하는 방법을 생각하니 나의 인생의 터닝 포인트를 맞이하게 되었다.

성공한 아빠가 되자

내 아이에게는 나보다 더 나은 삶을 선물하고 싶다. 그러려면 성공한 인생을 살아야 한다. 그래야 더 빠르게 더 오래 행복을 누릴 수 있다. 나는 생각한다. '아빠가 된다는 것이 무조건 아이를 위해서 사는 삶은 아니다.'라는 것이다. 내 아이를 위해 시작한 유튜브와 책 쓰기 였다. 하지만 나 또한 행복하다. 결국 나를 위한 일이 나의 가정을 위한 것이기 때문이다. 내 꿈을 가족과 함께할 수 있다고 생각하니 행복하다.

당신은 어떤 아빠가 되기 위해 노력하는가? 모든 아빠는 가족의 행복을 생각할 수밖에 없다. 가족이 행복하기 위해서 아빠가 성공해야 한다고 생각한다. 물론 엄마도 함께한다면 더할 나위 없이 행복할 것이다.

당신도 가족과 함께하고 싶은 일이 있는가? 그렇다면 바로 도전하길 바란다. 시간이 없다는 것은 핑계일 뿐이다. 나는 더 이상 핑계는 생각하지 않는다. 이룰 수 있는 방법만 생각한다. 이 역시 〈한책협〉 김태광 대표 코치님께 배우고 경험했다. 당신이 못할 이유는 없는 것이다.

나는 아빠 육아를 주제로 유튜브 크리에이터와 작가의 꿈을 이뤘다. 이로 인해 내가 즐겁다고 생각하는 육아를 계속할 수 있다. 유튜브 채널 운영을 위해 아이와 영상을 찍으며 시간을 보낸다. 그리고 '아빠 육아'를 주제로 책을 쓰며 가족에게 더 관심을 갖는다. 꼭 나처럼 유튜브나 책을 쓰라고 강요하는 것은 아니다. 사람마다 즐겁다고 생각하는 것이 다르기 때문이다. 당신이 즐겁다고 생각하는 것을 가족과 함께한다고 생각하도록 하자. 그렇다면 더욱 즐거운 마음으로 가족의 행복을 찾을 수 있게 될 것이다.

어느 날 부모님의 인생을 되짚어본 적이 있다. 정말 헌신적으로 열심히 사셨다. 부모님도 분명 꿈이 있으셨을 것이다. 그 꿈은 이루어지지 않았을지 모른다. 하지만 부모님의 헌신 덕분에 지금의 내가 있다고 생각한다. 지금 당신이 이루는 것들은 결국 아이를 위하는 것일 수 있다는 말이다.

당신의 부모님이 당신에게 보여준 모습을 생각해보자. 물론 배워야 할 점과 배우지 말아야 할 점이 구분될 것이다. 배워야 할 점을 당신의 가정에 맞게 적용한다면 분명 최고의 가장이 될 것이다.

아빠가 된다는 것을 더 이상 두려워하지 않도록 하자. 더 나은 내가 되는 것이 행복한 가정을 이루게 되는 일의 첫걸음이라고 생각하자. 그러면 성공한 아빠가 되는 기회를 알아볼 수 있을 것이다. 가족과 함께 성장을 이룬다면 분명 그 행복은 배가 되어 돌아올 것이다.

아이를 맞이하기 전 마음가짐

– 자신의 행복부터 찾아라

당신은 어떤 아빠가 되고자 하는가? 아이가 태어나기 전 생각해보아야 할 과제이다.

누구나 그렇듯 나는 행복한 가정을 만들고 싶다. 그 방법은 간단했다. 아빠인 나의 행복을 찾는 것이었다. 나를 사랑하지 않으면 다른 사람을 사랑하기 힘든 것과 마찬가지이다. 내가 행복하지 않은데 누구를 행복하게 할 수 있을까? 자신의 행복부터 찾아라.

당신은 꿈을 꿀 때 비로소 행복이 찾아온다는 사실을 기억해야 한다. 꿈을 찾고 이루기 위해 노력하도록 하자. 그 꿈을 이룬다면 분명 행복이 찾아오게 될 것이다.

2장

초보 아빠, 100점 아빠가 되기 위해 알아야 할 현실

아이가 생기고 깨닫게 될 것들

/

문제 있는 아이는 없다. 단지 문제 있는 부모만이 있을 뿐이다.
- 에리히 프롬

육아도 도전 정신이 필요하다

아이가 처음 생기면 많은 경험을 하게 될 것이다. 그리고 깨닫게 되는 것이 있을 것이다. 부모님의 마음을 알게 되며 자신을 돌아보게 될 것이다. 그리고 수도 없이 많은 모험을 마주하고 이겨내는 것을 반복하게 될 것이다.

나의 아버지는 사업을 하시려고 했던 적이 있었다. 어머니의 반대로 불발이 되었지만 말이다. 아버지는 그 얘기만 꺼내면 하소연하신다. 어떻게 준비했었는지는 아직도 듣지 못했다. 하지만 어머니께 반대의 이유는 들을 수 있었다.

그 사업은 중국에 옷의 재료인 원단을 수출하는 사업이었다고 한다. 그런데 아버지는 제대로 된 준비 없이 하시려고 했다는 것이다. 아마 아버지도 나름대로 계획하신 것들이 있었을 것이다. 가장인데 아무런 계획이 없이 모험을 생각하시진 않았을 것이다. 나는 '그때 어머니가 안 된다고 하기보다 계획을 들어보고 함께 의논했으면 어땠을까?'라는 생각을 한다.

아버지는 가장이다. 집안을 더 크게 성장시키기 위해 모험을 하고자 하셨다. 하지만 어머니는 한 순간에 의지를 꺾으셨다. 누구의 잘못도 아니었다. 성장을 위해 두 분이 함께 노력했으면 가능한 일이었을지 모른다. 이처럼 삶은 모험과 도전의 연속이다. 아이가 태어나면 더 큰 모험과 도전을 하게 된다. 그 모험을 부부가 함께 해결해나가면 못 할 것이 없다. 어떤 부부든지 상대방 탓만 하고 모험을 두려워만 한다면 성장하지 못할 것이라고 생각한다.

나는 부모님의 모습을 보고 '도전을 하지 말아야지.'라는 생각보다 '아내와 함께해야지.'라고 생각을 했다. 결혼 전에는 가장은 혼자 모든 짐을 짊어져야 한다고 했다. 하지만 결혼 후에는 '함께'라는 깨달음을 얻었다. 그리고 나의 미래 계획은 아내와 꼭 상의하고 결정한다.

나는 초등학생 시절 축구부에 들어가고 싶었다. 축구를 좋아했기 때문이다. 축구부에 들어가고 싶어 친구들을 통해 정보를 수집했다. 많은 돈이 필요하다는 것을 알았다. 그래서 나는 집안 형편을 생각해 조용히 포기했다.

내 동생은 초등학생 때 축구부 감독님 눈에 들었다. 그래서 축구부에 들어가고 싶어 했다. 부모님은 결국 동생을 축구부에 등록시켰다. 집안 형편이 어려웠지만 두 분의 합심으로 어떻게든 되는 방법을 찾으신 것이다. 그렇게 동생이 하고 싶다는 것을 하게 해주셨다.

만일 당신의 자녀가 유학을 보내달라고 한다. 하지만 당신은 유학을 다녀온 적이 없다. 해외여행 경험도 없다. 어떻게 하겠는가? 아마도 자녀의 꿈을 포기시킬 수 없을 것이다. 당신은 경험이 부족하더라도 되는 방법을 찾아볼 것이다. 부모는 보다 나은 삶을 아이에게 주고 싶어 하기 때문이다. 해낼 방법에 대해 부모가 함께 고민한다면 결국 해낼 수 있을 것이다.

부모가 되기 전과 후에 생각이 달라지는 건 사실이다. 그만큼 책임감이 생기기 때문이다. 책임감이 인생에서 큰 도전까지 망설이지 않게 한다. 마음먹었다면 반드시 현실로 나타나게 해야 한다. 현실이 되려면 부모가 서로 힘을 합쳐 실행하기만 하면 된다. 결국 육아도 인생의 미션이다. 도전 정신을 가지고 시련을 극복하도록 하자.

삶에 대한 도전이 깨달음을 주다

나는 유복하지 않은 집안에서 태어났다. 그래서 절약을 하며 살아야 했다. 당연히 원하는 것을 다 갖기 힘들었다. 친구들이 들고 있는 장난감을 사달라고 떼를 써도 소용없었다. 그 정도였다. 어린 나이에는 가난이라는 것이 정말 싫었다. 하고 싶은 것을 마음껏 하지 못하기 때문이었다. 하지만 그것을 부끄러워해본 적은 없다.

친구들과 어울리며 항상 용돈이 부족했다. 하지만 나는 당당했다. 친구들이 생각하기에는 '짠돌이', '빈대'일 수도 있었다. 하지만 나는 속으로 '내가 잘되면 다 갚는다.'라고 생각했다.

나는 가난한 삶을 살았기 때문에 원하는 것을 얻지는 못했다. 그러나 꿈이라는 것을 얻었다. 그리고 힘들 때마다 입 밖으로 내뱉었다.

"나는 꼭 성공해서 은혜를 갚는다. 그리고 모든 사람에게 웃음을 줄 것이다."

나는 도전하는 것을 좋아한다. 깨닫는 것이 생기기 때문이다. 그리고 내가 더 크게 성장한다. 그래서 나는 꿈을 현실로 만들기 위해 도전을 많이 했다. 내가 무심코 했던 것들이 자산이 되기도 했다. 삶의 경험을 통해 얻은 깨달음을 몇 가지 소개하겠다.

나는 공부에 취미가 없었다. 그래서 야간자율학습 시간이 너무 싫었다. 하기 싫은데 억지로 책상 앞에 앉아 있어야 했기 때문이다. 물론 공부를 하지 않은 것은 아니다. 그러나 대부분의 시간을 선생님 몰래 낙서를 하며 보냈다.

혼날 각오를 한 낙서였다. 결국 나는 작은 도전으로 예쁜 글씨 쓰는 방법을 터득할 수 있게 되었다. 그보다 내 생각을 글로 표현하기 시작했다. 지금도 지난 낙서장을 간직하고 있다. 그때 쓴 글들이 나에게 큰 자산이 되었다.

내 전공은 전자계열이다. 군대 전역을 앞두고 홈페이지를 직접 제작하려고 웹디자인을 배웠다. 웹디자인을 배우며 디자인 감각을 터득했다. 그와 관련한 아르바이트를 하면서 색감도 익힐 수 있게 되었다. 전문가 수준은 아니지만 충분히 활용 가치가 있는 정도이다.

내가 몰래 했던 낙서와 내 전공과 다른 웹디자인을 배운 것이 깨달음과 무슨 연관이 있을까? 낙서를 통해 내 생각을 글로 표현하는 방법을 터득했다. 그리고 내 진심을 글에 담게 되면 말하는 것보다 효과가 크다는 것을 깨닫게 되었다. 영상 편집할 때 웹디자인을 배운 것이 도움이 된다. 생각보다 디자인에 대해 신경 써야 하는 것이 많았다. 자막이나 영상의 색감을 보정할 때가 그렇다.

이렇게 나는 작가와 유튜브 크리에이터를 준비하고 있었던 것 같다.

내가 삶에서 얻은 것을 2가지로 요약할 수 있다.

<u>첫 번째는 도전 정신이다.</u> 여기에서는 배우자와 상의를 통한 도전을 말한다. 나와 내 가정을 더 성장시키고 싶은가? 그렇다면 깨달음을 얻을 수 있는 도전을 해보는 것이다. 어떠한 도전이든지 성장을 돕는 깨달음을 찾을 수 있을 것이다. 정말 사소한 도전도 좋다.

집에서 요리를 하는 것도 도전일 수 있다. 그리고 그 도전을 통해 가족들이 선호하는 음식을 알 수 있을 것이다. 이것이 바로 사소한 도전으로 얻을 수 있는 큰 깨달음이 아닌가?

<u>두 번째는 모든 일에서 깨달음을 찾고 그것을 현실화하는 것이다.</u> 앞서 말한 것처럼 요리를 하며 가족들의 음식 취향을 알게 된다. 그리고 선호하지 않는 음식도 함께 알게 된다.

이 깨달음을 어떻게 현실화할까? 선호하지 않는 음식을 맛있게 먹는 방법을 생각하는 것이다. 예를 들어 김치를 먹기 싫어하는 아이에게 잘게 썬 김치를 넣어 부침개를 만들어줄 수 있을 것이다.

당신도 살면서 깨닫게 되는 것이 있을 것이다. 특히 아이가 생기면서 그 깨달음은 더 크게 와닿을 것이다. 아이를 통해 새로운 경험을 하기 때문이다. 그 새로운 경험은 당신에게 새로워진 관점을 선물할 것이다. 아이처럼 순수해질 수도 있다. 그로 인해 아이를 위해 하는 말과 행동에 변화가 찾아올 것이다.

이제 새로운 관점에서 인생을 바라보자. 그리고 깨달음을 찾아보자. 나를 위해 아이를 위해 성장한다는 것을 느낄 수 있을 것이다. 끊임없는 도전을 통해 어제보다 더 성장하는 부모가 되길 바란다.

2

엄마도 혼자 있고 싶을 때가 있어요

/

진실한 사람들의 결혼에 장해를 용납하지 않으리라.
변화가 생길 때 변하는 사랑은 사랑이 아니로다.
- 윌리엄 셰익스피어

엄마, 다녀오세요

나는 아내가 임신 4개월이 되었을 때 일을 그만두라고 했다. 아내가 일하는 곳의 환경이 좋지 않았기 때문이다. 아내는 일을 그만둔 후 집에서 시간을 보내야 했다. 그렇게 출산 전까지 거의 매일 혼자만의 시간을 보내게 된 것이다. 얼마 뒤 지루해진 아내는 밖에 나가고 싶어 했다.

아내는 뜨개질 공방을 알아보았다. 얼마 뒤 집 근처 뜨개질 공방에 다니게 되었고 아이의 옷을 직접 만들기 시작했다. 그렇게 공방에 다니며 친해진 사람이 생겼다. 가끔 그 사람을 만나기 위해 외출하기도 했다.

매주는 아니지만 주말에는 나와 함께 맛있는 음식을 먹으러 다녔다. 둘만의 시간이 얼마 남지 않았다고 생각되었다. 그래서 집 근처 카페라도 가기 위해 집을 나섰다. 그렇게 아내는 자유롭지 않은 몸으로 자유를 만끽할 수 있는 때를 즐겼다.

임신과 출산을 경험한 부모들은 알 것이다. 임신한 몸을 이끌고라도 자유를 즐기고 싶은 마음을 말이다. 출산 후에는 원하는 때에 자유를 만끽하기 힘들다는 것도.

나의 아내는 모유 수유를 했다. 그래서 아이와 떨어지기 더 힘들었다. 아이가 배고파하면 젖을 물려야 했기 때문이다. 물론 모유를 저장 팩에 넣어 얼려놓은 것을 먹일 수는 있다. 하지만 모유 수유를 하게 되면 젖에 모유가 차오른다. 그것을 밖에서 처치하기란 여간 번거로운 일이 아닐 수 없다. 그래서 나갈 생각조차 하지 않았다.

출산 5개월 정도 지난 때에 아내의 젖이 거의 말랐다. 그리고 분유를 먹이기 시작했다. 그제야 아내는 출산 후 첫 외출을 한 것이다.

아빠들은 사회생활을 한다. 그렇기 때문에 출산 후에도 밖에 나갈 수 있다. 하지만 대부분의 엄마들은 다르다. 출산 후 집에서 아이와 함께한다.

어떤 아빠들은 돈을 버느라 힘들다고 한다. 하루 종일 말도 통하지 않는 아이와 씨름하는 아내는 어떨까? 나는 독박 육아를 경험한 적이 있다. 처음엔 아이와 함께 하루 종일 집에만 있으니 행복했다. 하지만 시간이 지날수록 허전함이 몰려왔다. 아이가 말이라도 했다면 덜 허전했을 것이다. 나는 단 이틀 만에 허전함을 맛보았다. 그 허전함을 아내는 매일 경험하는 것이다. 아내가 존경스러웠다. 그리고 아내에게 미안했다.

아내의 첫 외출은 아내의 결혼한 친구를 위해 축하파티를 할 때였다. 첫 외출이 파티 참석이라는 것에 아내가 굉장히 설레어했다. 파티 때 입을 옷을 구매했다. 그리고 파티용품을 알아보는 데 시간을 보냈다. 옆에서 보는 내가 다 설레고 행복했다. 나는 아내에게 걱정하지 말고 재밌게 놀다 오라고 얘기했다.

아내는 내게 말을 하지 않았지만 불안했을 것이다. 그래서 나에게 분유의 용량과 먹이는 시간을 알려줬을 것이다. 나는 아내가 알려준 덕분에 시간을 지켜 아이를 돌보았다. 나는 아내가 말하기 전부터 이미 자신에 차 있었다. 하지만 아내 덕분에 아이의 패턴을 깨뜨리지 않고 해낼 수 있었다. 그리고 육아에 더 관심을 가지기 시작했다.

대부분의 엄마들은 나의 아내와 같은 마음일 것이다. 혼자 밖에 나간다고 해도 불안한 마음이 사라지지 않는다는 것이다. 그래도 나는 아내가 주말에는 육아에서 벗어나 자유를 만끽했으면 했다. 그래야 돌아와서 아이와 행복한 시간을 가질 수 있다고 생각했다.

나처럼 아내에게 자유를 선물하는 아빠들이 있을 것이다. 그래서 '자유부인'이라는 말도 생겨나지 않았을까? 물론 아빠들도 처음은 두려울 수 있다. 하지만 처음이 어렵지 그 이후에는 수월하게 생각될 것이다. 아내에게 자유를 선물해보는 건 어떨까?

아내는 첫 외출을 시작으로 주말에 일을 하게 되었다. 결혼 전 아르바이트를 했던 곳에서 제의가 들어온 것이다. 아내는 일하러 가는 것이었음에도 주말이 되면 행복한 미소를 띠었다. 나도 덩달아 행복했다. 나는 가장의 역할을 잘해내고 있다는 생각까지 들게 했다. 아내는 밖에 나가니 좋고, 아이는 아빠와 함께하니 행복한 것이다. 가족 모두가 함께하지는 못했지만 모두가 행복했다.

만일 아내가 첫 외출이 두려워 나가지 않았더라면 불가능했다. 그리고 주말에 일을 하지 않았다면 그만큼 행복하기는 어려웠을 것이다. 집에서 보내는 주말과 외출하는 주말에 아내의 기분은 분명히 차이가 있었다. 외출하고 돌아온 아내는 아이에게 더 다정다감하기도 했다.

가끔 아내가 일하지 않는 주말에는 가족 나들이도 했다. 내가 사는 천안 근교에는 분위기 좋은 카페가 많다. 유튜브 채널에 게시한 영상을 보면 알 것이다. '천안카페 도장 깨기'라는 영상을 올렸다. 우리 가족처럼 가족이 함께하며 행복한 추억도 남길 수 있다.

아이가 생기니 아이를 데리고 나온 부부들이 눈에 들어왔다. 그들도 아마 나처럼 가족의 행복을 위해 밖으로 나온 것이라 생각한다. 가족과 함께하는 시간은 매우 소중하다. 특히 아이와 함께하는 시간은 매일 새로운 추억이 된다. 이번 주말에는 가족 나들이를 계획하도록 하자. 새로운 추억이 생길 것이다. 그리고 가족 모두가 행복함을 느끼게 될 것이다.

아빠의 독박 육아, 꼭 필요할까

앞에서는 아내를 혼자 보내라고 했다. 그리고 가족 나들이를 계획해보라고 권유했다. 어떤 것이든 상황에 맞게 하면 된다. 하지만 나는 아내를 혼자 내보내는 것을 더 권장한다. 아내가 혼자 나간다면 마음이 조금 불편해도 몸은 자유롭다. 그리고 아빠는 아이와 유대감을 형성할 수 있는 시간을 갖는다.

나는 일을 하다 허리 디스크가 터져 한 달 동안 아이와 아내를 처가에 보냈다. 불안했다. 아이가 아빠인 나에게 낯을 가릴 수도 있다는 생각이 들었기 때문이다. 아이와 함께 시간을 보내며 유대감을 만들고 싶었다.

나에게는 아내의 외출이 기회였다. 아내가 일하러 가는 주말에는 아이에게 최선을 다했다. 아이가 잘 때 옆에서 손을 잡고 자기도 했다. 아픈 것은 문제가 되지 않았다. 정말 온몸으로 아이와 놀아주었다. 그 시간들이 있었기에 나는 아이와 더 가까워질 수 있었다.

지금은 퇴근하고 집에 가면 아이는 나를 보고 미소를 지으며 반겨준다. 정말 쌓인 피로가 싹 달아난다. 그때 내가 독박 육아를 한 보람을 느꼈다. 모든 아빠들이 그럴 것이라고 생각한다. 과연 자신의 아이가 짓는 미소를 보며 부정적인 생각을 하는 아빠가 있을까?

출산 후 아내는 산후우울증 증세를 보였다. 건강이 나빠진 탓도 있었다. 힘들어하는 아내의 모습을 보는 내가 더 힘들었다. 행복해야 할 가정에 우울함으로 차오르고 있었다. 하지만 아내가 외출을 하기 시작하면서 문제는 해결됐다.

혹시 아내가 우울 증세가 있다면 아내를 밖으로 보내도록 하자. 아이가 태어난 지 50일도 되지 않은 신생아인가? 그렇다면 집 근처를 산책하도록 해도 좋다. 아내에게 온전히 혼자만의 시간을 선물하자. 아마도 아내의 우울 증세는 점점 호전될 것이다. 그리고 다시 행복이 차오를 것이다. 이것이 내가 생각하는 아빠의 독박 육아가 필요한 이유이다.

스트레스 관리가 필수이다

스트레스는 만병의 근원이라는 말도 있다. 스트레스가 지속된다면 어떤 위험이 발생할지 모른다. 그렇기 때문에 항상 임신한 아내의 행복을 유지시켜주는 것이 중요하다.

육체적인 스트레스를 해소시키기 위해 집안일을 대신 해도 좋다. 정신적인 안정을 위해 잔잔한 분위기의 음악을 들려주거나 영화를 볼 수도 있을 것이다.

엄마가 행복해야 아이도 행복하다. 순산을 위해 이 사실을 잊지 않도록 하자.

3

퇴근길에 육아 공부를 하세요

/

젊었을 때 배움을 게을리한 사람은 과거를 상실하며 미래도 없다.
- 에우리피데스

독서를 통한 육아 공부

대부분의 남자들은 처음 경험하게 된 '아빠'라는 직무에 정신이 없을 것이다. 아빠들은 대부분 생계를 유지해야 한다. 그리고 육아도 해야 한다. 그렇기에 시간에 늘 쫓기며 살게 된다. 그리고 피곤에 찌들어 살아간다. 그런 사람들을 보면 대개 불만이 많다.

지인들에게 취미를 가져볼 것을 권한 적이 있다. 내가 권유하면 대개 '시간이 없다.'라는 반응들을 보인다. 모두 똑같이 24시간이 주어진다. 그런데 왜 그들은 시도해보지 않고 시간이 없다고만 할까?

　어린 시절 나의 어머니는 독서를 권하셨다. 하지만 나는 책보다는 운동이 좋았다. 만화책도 즐겨보지 않았다. 그런 내가 책을 읽기 시작했다.
　직장 생활을 하며 스트레스가 심한 때였다. 스트레스성 탈모가 생길 정도였다. 과도한 업무량과 상사와의 갈등이 원인이었다. 스트레스를 풀 방법으로 독서를 택했다. 책을 읽으니 한결 마음이 편해졌다.
　독서에 재미를 붙이기 전에는 나도 시간에 쫓기며 살았다. 그러나 독서를 시작한 이후 여유가 생겼다. 여유만 생긴 것이 아니었다. 지식이 쌓이게 된 것이다. 독서를 통해 하루가 다르게 성장했다. 또한 독서는 마음의 여유와 시간적 여유를 가지게 한다.

　당신은 가장으로 생계를 위해 바쁘게 일할 것이다. 당연히 스트레스를 받게 된다. 스트레스를 받으면 '짜증'과 '불만'같은 부정적인 감정으로 가득 찬다. 바쁜 일상을 살며 스트레스는 어떻게 푸는가? 집에 있는 가족들에게 짜증을 낸다. 또는 술을 진탕 마시고 집으로 갈 것이다. 이제는 자신을 성장시키는 독서를 해보는 것이 어떨까?

　나는 당신이 행복한 취미를 가질 것을 권한다. 바로 앞서 말한 '독서'이다. 독서는 혼자서 즐길 수 있다. 때로는 가족과 함께 즐길 수도 있다.

나도 독서를 하기 전에는 술을 많이 마셨다. 그로 인해 집에 들어가서는 아내에게 상처를 주었다. 그리고 숙취로 고생했다. 이런 생활을 반복하니 삶의 질은 더 떨어졌다.

스트레스를 풀겠다고 술을 마신다면 과하게 마시게 된다. 그리고 다음 날 숙취로 고생한다. 스트레스가 더해지는 것이다. 그리고 가족들에게도 좋은 모습을 보이기 어렵다. 하지만 독서를 한다면 어떤가? 집안에서도 책을 읽을 수 있다. 책의 내용에 집중하다 보면 어느새 스트레스는 사라진다. 그렇게 가족들과 마주하면 부정적인 결과는 생기지 않을 것이다.

내가 책을 제대로 읽기 시작한 것은 아내가 아이를 임신하기 전부터였다. 나는 이를 통해 행복하고 성공적인 삶에 대한 지혜를 얻었다. 시간 관리법을 통해 여유 시간을 만들었다. 독서를 하기 전에 비해 삶의 질이 향상되었다. 그리고 아내와의 행복한 시간을 더 가질 수 있는 여유가 생겼다. 아내가 임신한 다음에는 당연히 육아에 관심이 생겼다. 그렇게 독서를 통해 간접적으로 육아를 시작했다. '태교법'부터 '육아법'까지 책을 보며 공부했다.

당신이 좋은 아빠가 되길 원한다면 먼저 독서하기를 권한다. 독서를 통해 얻게 되는 삶의 지혜는 실로 엄청나다. 당신이 얻은 지혜는 아이에게 전해줄 수도 있다. 그리고 자연스럽게 아빠 육아에 대한 공부도 할 수 있다.

사실 이 방법은 출퇴근할 때 대중교통이나 회사 셔틀버스를 이용하는 경우에 유리하다. 하지만 주말이나 퇴근 후에는 집에서도 충분히 가능한 방법이다.

보고, 들으며 배우는 아빠 육아

나는 출퇴근을 할 때 운전을 한다. 그래서 책을 읽기는 어렵다. 이때 이용한 방법은 보고, 들을 수 있는 매체였다. 바로 '유튜브'이다. 나는 운전을 시작하기 전에 동영상을 재생시킨다. 그리고 운전을 하며 육아 관련 지식을 귀로 듣는다. 내비게이션이 분명 방해를 할 것이다. 그때 못들은 내용은 신호를 기다릴 때 다시 듣기도 한다.

내가 특별하다고 생각하는가? 나는 지극히 평범한 직장인이다. 당신과 다를 것 없이 회사에 출퇴근한다. 조금 다른 것은 독서와 유튜브를 한다는 것이다. 그리고 이것들을 통해 아빠 육아를 공부한다는 것이다.

어떤 것이든 기초부터 다져야 한다고 배운다. 공부와 담을 쌓고 살아온 나도 알고 있다. 당신도 아빠가 되면서 육아 정보를 얻고자 할 것이다. 이왕 하기로 했다면 기초부터 제대로 배우도록 하자.

학교에서 덧셈, 뺄셈, 곱셈, 나눗셈을 배운다. 이렇게 기본적인 사칙연산을 응용해 더 어려운 수학 문제를 풀게 된다. 육아도 마찬가지이다. 여러 가지 기초 지식을 펼쳐놓고 각기 다른 성격의 아이들에게 적용하는 것이다.

온순한 아이에게 맞는 수유 자세를 찾았다고 하자. 그 방법을 다른 아이에게 똑같이 적용할 수는 없다. 다른 아이는 몸부림을 칠 수도 있기 때문이다. 그렇다고 아이를 그냥 내려놓을 수는 없을 것이다. 그렇다면 어떻게 해야 할까?

이미 육아를 경험한 부모는 알 것이다. 일단 대중적으로 알려진 여러 가지 방법을 동원해보는 것이다. 이를 기초 지식이라고 생각하면 된다. 그 기초 지식들 중 내 아이에게 맞는 방법을 찾아 응용을 하는 것이다.

'어떻게든 되겠지.'라고 생각하면 큰 오산이다. 사실 육아 공부는 끝이 없다. 정답도 없다. 하지만 기초 지식이 없다면 '어떻게 해야 하지.'라는 생각만 하게 될 것이다. 더 힘든 육아가 될 수 있다는 말이다.

나는 공부는 잘하지 못했지만 기초가 중요하다는 것은 잘 알고 있다. 그래서 아빠 육아 공부를 시작했다. 기초를 배우고 응용하기 위해서였다. 산후조리원에서는 기저귀 교체 방법부터 목욕 방법까지 알려준다. 산후조리원이 아닌 곳에서는 배우기도 쉽지 않다. 특히 아빠만의 노하우를 알려주는 곳은 흔치 않다.

내 아이가 태어나고 산후조리원에서 목욕 방법을 배웠다. 하지만 기저귀 교체 방법, 분유 먹이는 방법은 어깨 너머로 배워야 했다. 그래서 내가 직접 경험한 방법을 영상으로 만들어 유튜브에 게시했다. 육아 기초 지식을 전파하기 위함이었다.

앞서 말했지만 육아에는 정답이 없다. 그렇기 때문에 나의 방법이 정답이 아닐 수 있다. 하지만 당신이 어려움을 느낄 때 도움이 될 수 있으니 참고하기를 바란다.

나는 독서를 통해 마음의 여유를 찾았다. 그리고 독서를 통해 내면 의식이 확장되어 시야가 넓어졌다. 그렇기 때문에 이 모든 일이 가능했다.

진정 좋은 아빠가 되기를 원하는가? 그렇다면 독서를 통해 24시간을 보다 더 알차게 보내도록 하자. 마음의 여유를 찾고 아빠 육아에 대한 공부를 해보는 것이다. 당신이 변화되는 것이 느껴질 것이다. 그리고 아이에게 더 많은 삶의 지혜를 알려줄 수 있는 아빠로 성장할 것이다.

출산 전 호흡 곤란

진통이 시작되면 숨이 차오른다. 이에 따라 호흡 곤란 증세를 보이는 산모들도 있다. 실제로 출산 전 호흡 곤란이 오는 산모들을 위해 산소 호흡기를 이용하기도 한다.

이를 예방하기 위해 출산 전에 호흡 연습을 하는 것이 좋다. '라마즈 분만법'에 속한 '라마즈 호흡법'을 미리 공부하고 연습하도록 하자.

산부인과마다 관련된 교육 프로그램을 찾아볼 수 있을 것이다. 출산에 임박해서 준비하려고 하면 프로그램 신청을 하지 못하는 경우도 있다. 그러므로 출산 예정일 2개월 전에는 자신이 내원하는 산부인과 홈페이지에서 찾아 수강하도록 하자.

혹시 수강을 하지 못한다면 '라마즈 호흡법 부부'라는 키워드를 '유튜브'에 검색해보자. 많은 호흡법 영상이 검색될 것이다.

4

아무것도 모르는
아빠가 될 건가요?

/

부지런히 힘들게 일하는 것 말고도 인생에는 할 일이 많다.
- 롤프츄크코브스키

소중함을 안다는 것

"넌 어떤 아빠가 되고 싶어?"

내가 알던 동생 커플의 임신 소식을 들었다. 그 직후 내 입에서 나온 첫 마디였다. 이 커플은 사귄 지 얼마 되지 않아 준비가 되지 않은 상황이었다. 나의 첫 마디에 그는 당황한 기색이 역력했다. 잠시 정적이 흘렀다. 그의 대답은 생각해본 적이 없다는 것이었다. 정말 아무런 준비가 되어 있지 않았다. 단지 서로의 사랑을 확인하는 단계에서 아이를 맞이한 것이다. 나는 그에게 더 이상의 질문은 하지 않았다. 아니, 그의 대답을 더 듣고 실망하고 싶지 않았다.

며칠이 지나 그 동생에게 전화가 왔다. 급하게 돈이 필요하다는 전화였다. 돈이 필요하다는 그의 말에 안 좋은 예감이 들었다. 아니나 다를까 아이를 지운다는 이유였다. 나는 돈을 못 주겠다고 말하고 전화를 끊었다. 그리고 전화번호를 삭제했다. 그 후로 연락을 하지 않았기 때문에 결과는 알 수 없었다. 하지만 그때는 자신의 행동에 대한 책임을 회피하는 그를 더 이상 만나고 싶지 않았다.

우리 주변에서는 혼전 임신하는 경우를 심심찮게 볼 수 있을 것이다. 준비가 되지 않은 상태에서 아이를 맞이하면 어떤 결과를 초래하게 될까?

당신이 누군가를 짝사랑해보았는가? 그렇다면 쉽게 이해가 될 것 같다. 짝사랑의 상대는 나를 생각하지도 않는다. 하지만 그 상대에게 사랑받기 위해 애정을 쏟는다. 상대는 당신이 쏟는 사랑을 모른 척할 수도 있을 것이다. 얼마나 가슴 아픈 사랑인가?

다시 생각해보자. 아이가 당신을 부모로 선택하고 사랑받으려고 왔다. 그런 아이를 다시 돌려보낸다. 당신은 아이의 애정에 관심도 가지지 않는 것이다. 눈에 보이지 않는 존재라고 쉽게 생각하지 않았으면 한다.

준비가 되지 않은 상태에서 아이가 태어나면 그것도 문제가 될 것이다. 하지만 아이와 부모는 서로를 위하며 성장해나갈 수 있을 것이다. 아이를 지운다면 그것을 포기하는 일이다. 나는 아이를 지우는 사람들을 믿어주고 싶다. 훗날 자신의 아이를 더 행복하게 키우고 싶다는 생각을 가지고 있는 것이라고.

아이가 부모를 선택해서 삶을 계획하고 꿈꾸며 내려왔다. 하지만 그 꿈을 펼치지도 못한 채 다시 올라가게 된다면 마음이 어떠하겠는가? 물론 그것을 계획했다면 이 얼마나 기구한 운명인가? 누구나 처음은 서툴다. 그리고 아무것도 모르는 상태에서 시작한다. 나 또한 마찬가지였다.

나는 초등학생 때 이모 댁에 놀러 간 적이 있다. 사촌 동생이 갓난아기여서 분유가 있었다. 나는 분유통을 열었다. 달콤한 냄새가 났다. 나도 모르게 숟가락으로 한 입 퍼먹었다. 냄새만큼 달콤했다. 그 후로 몇 숟가락을 더 퍼먹었다. 3분의 1을 퍼먹은 것이다. '이모가 아시면 큰일이다.'라는 생각이 들었다. 나는 이모가 화내실 것을 생각하고 달콤함을 뒤로한 채 뚜껑을 닫아야 했다.

지금 생각하면 이모께 너무나 죄송스럽다. 분유 한 통의 가격이 꽤 비싸기 때문이다. 어린 날의 나는 참 철이 없었다. 그 시절에 내가 분유의 값을 알았다면 분유를 퍼먹는 만행을 저지르는 일은 없었을 것이다.

나의 지인이었던 생명의 소중함을 몰랐던 그 사람. 그리고 분유의 값을 몰랐던 나. 공통점은 소중함을 몰랐던 것이다. 그때 그가 소중함을 알았더라면 고민하지 않았을 것이다. 나도 분유의 값어치를 알았다면 그런 행동을 하지 않았을 것이다.

사람은 가치를 모르면 소중함을 알지 못한다. 다르게 생각하면 그런 일을 겪었기 때문에 깨닫고 성장하게 되는 것이다.

친구처럼 대화하는 아빠, 엄마가 되자

이제 소중함과 가치를 깨닫게 되었다. 그렇다면 이제 아이에 관련지어 생각해보자. 우리는 아이에 대해 소중함을 느끼게 될 것이다. 더 이상 아이를 엄마에게만 맡겨서는 안 된다. 아빠가 육아에 참여해야 한다는 말이다. 이것은 삶에서 아이에 대한 비중을 높이는 것을 말한다. 요즘 많은 아빠들은 회사 일과 가정의 균형을 맞추려 노력한다.

내가 다니는 회사에서는 출퇴근이 비교적 자유롭다. 맞벌이를 하는 선배들이 많다. 그들은 아이들을 엄마와 번갈아가며 어린이집에 등원시킨다. 그들이 나의 미래 모습 같았다. 어떤 선배들은 육아 휴직을 사용하기도 했다.

몇 년 전까지만 해도 이런 문화가 없었다. 아빠들이 회사에 뼈를 묻을 것 같았다. 매일 계속되는 야근과 주말 특근까지 했다. '저 사람들은 아이를 언제 볼까?'라는 생각이 들 정도였다.

한 선배에게 물어본 적 있다. 도대체 아이를 보는 시간이 얼마나 되는지 말이다. 내 물음에 그 선배는 차라리 지금처럼 내가 돈을 벌고 아내가 아이를 보는 게 몸은 편하다고 얘기했다. 그리고 너도 나중에 다 알게 될 것이라고 덧붙였다.

나는 그 말을 듣고 그때의 현실을 부정했다. 나는 아이를 좋아하는 사람이기 때문이다. 내 아이를 내가 돌보지 못한다는 생각을 해보았다. 정말 말로 표현하기 힘들 정도의 슬픔과 암울함이 몰려왔다.

세상은 아빠 육아를 하기에 편한 세상으로 변했다. 그럼 아빠들도 변해야 한다. 언제까지 내 아이를 엄마 손에만 맡기겠는가. 아빠 육아를 해서 아이와 친구가 되어보는 것은 어떨까? 자연스레 아이에게 더 관심을 가지게 될 것이다. 그리고 아이가 더 소중하게 생각될 것이다.

고등학생 시절 한 친구의 이야기이다. 그 친구는 아버지와 친구처럼 지냈다. 그 모습을 그 친구의 집에 놀러갔던 날 보았다. 친구가 아버지와 대화를 나누었다. 밥은 챙겨 먹었냐는 간단한 안부를 물으며 대화는 시작됐다. 그리고 친구가 주말에 계획된 가족 여행에 대한 말을 꺼냈다. 여행지에 대해 물었다. 그리고 "거기는 네가 좋아하고, 여기는 아빠가 좋다."라며 대화를 이어갔다. 두 부자는 정말 친구와 대화하듯 스스럼없이 대화했다. 서로가 좋아하는 것에 대해 잘 알고 있는 듯했다.

그 모습을 보는 나는 부러움이 가득했다. 나의 아버지와의 대화는 늘 단답형이었기 때문이다. 그래서 항상 마음속으로 그 친구를 부러워했다. 그리고 '나는 내 아이와 친구처럼 지내야지.'라는 다짐을 하게 되었다.

친구처럼 지낸다는 말은 아이에 대해 잘 알고 있다는 말이다. 친구들과 대화할 때를 생각해보자. 대부분의 사람들은 친구들을 만나면 각자의 삶에 대해 잘 알고 대화를 나눈다. 때로는 그들이 부모님보다 나를 더 잘 알고 있는 때도 있다. 아이에게 잔소리하는 것을 줄여보자. 대신 친구 같이 편하게 대화를 나눌 수 있도록 해보자. 그렇게 하기 위해서는 아이의 소중함을 더 깊이 느껴야 할 것이다. 그래야 아이에게 관심이 생길 것이기 때문이다.

'아이의 소중함을 알게 되었다.', '분유의 가치를 알게 되었다.', '친구 같은 부모가 되기 원한다.' 이 3가지의 공통점은 하나이다. 더 이상 아무것도 모르는 아빠가 되지 말자는 것이다. 아빠 육아가 늘어나는 시대이다. 내 아이에 대한 소중함을 깨닫고 관심을 기울이도록 하자. 그렇다면 당신도 육아를 쉽게 느끼는 날이 올 것이다.

유산의 위험

　유산은 보통 몸과 마음에 스트레스로부터 생긴다. 육체적으로든 정신적으로든 스트레스가 지속되는 일을 하는 경우이다. 이 경우에는 유산 확률이 높은 임신 16주까지는 무조건 휴식을 취하는 것이 좋다. 나의 경우에는 근무 환경이 좋지 못한 아내의 임신 사실을 알고 일을 그만두게 했다. 나와 같이 하지 못하는 경우라면 스트레스를 해소할 수 있는 방법을 찾아보도록 하자. 혼자 시간을 보내는 것보다 마음의 안정을 찾을 수 있도록 부부가 함께하는 것을 권장한다.

어떤 아빠가 될지
생각하고 상상하세요

/

강렬한 사랑은 판단하지 않는다. 주기만 할 뿐이다.
- 마더 테레사

아빠는 행복한 가정을 꿈꾼다

나는 어린 시절부터 아빠가 되고 싶다고 막연하게 생각한 적이 많았다. 그렇게 근거 없는 자신감에 빠져 있었다. 무조건 좋은 아빠가 될 것이라고 자부했다. 하지만 아이가 태어난 후에 나만의 생각이었다는 것을 깨닫게 되었다.

많은 아빠들은 아이가 태어나기 전에 한 번쯤은 생각해보았을 것이다. '나는 어떤 아빠가 될까?'라는 생각이다.

이러한 생각은 다양한 모양으로 빚어내는 도자기와 같다. 각자 원하는 아빠의 모습이 다르기 때문이다. 다른 점이 있다. 도공의 기준에서 잘못 만든 도자기는 깨버리면 그만이다. 아빠는 그렇게 할 수는 없다는 것이다.

또한 공약을 내걸며 자신을 어필하는 국회의원 같기도 하다. 막상 아빠가 되면 당선된 국회의원처럼 공약은 온데간데없다. 물론 아빠는 가족의 생계를 짊어지고 있다. 전혀 이해가 되지 않는 것은 아니다. 하지만 노력하는 모습은 보여줘야 한다고 생각한다.

보건복지부에서 진행하는 저출산 인식 개선 캠페인 '100인의 아빠단'이라는 것이 있다. 이 커뮤니티에는 전국 각지의 아빠들이 참여하고 있다. 행복한 가정을 꿈꾸는 아빠들이 멘토단이 주는 미션을 통해 아이들과 소통하게 한다.

멘토단이 주는 미션으로는 야외활동 놀이, 음악율동 놀이, 요리놀이, 교육놀이, 형제놀이 등이 있다. 이렇게 다양한 놀이를 통해 아이와 아빠가 소통하는 것이다. 이러한 활동들은 아이와의 관계 개선에도 큰 효과가 있다. 한 가지 아쉬운 점은 주로 3세 이상부터 할 수 있는 놀이라는 것이다.

얼마나 적극적으로 참여하는지는 잘 모르겠다. 하지만 많은 아빠가 행복한 가정을 위해 참여한다는 것은 사실이다. 아마 이 책을 보고 있는 당신은 할 수 있다는 믿음이 생겼을 것이다. 그럼 이제 실천하면 된다. 그래야 행복한 가정을 이루는 가장이 될 것이기 때문이다.

나는 아빠가 되는 것을 행복해했다. 그리고 앞서 말했듯이 자신이 있었다. 하지만 그 자신감은 아이가 태어나고 고민으로 바뀌게 되었다.

아이가 태어난 후에는 건강은 점점 나빠졌다. 하지만 아이가 너무 사랑스러웠다. 그래서 퇴근 후에는 내가 돌보았다. 아내도 몸조리가 필요한 시기였기 때문이다. 그때 나는 아빠는 그래야 하는 줄 알았다. 아빠가 아이를 돌보는 것은 당연하다고 생각했다. 그렇게 며칠을 퇴근 후에 육아를 했다. 그러던 중 통증이 갑자기 심해진 날 아이를 안고 있는 것조차 힘든 상황까지 갔다.

그날부터 나의 자신감이 고민으로 바뀌었다. 어떤 것이 아이를 위한 길인지, 어떻게 해야 내가 원하는 아빠의 모습을 이루는 길인지.

열심히 하는 게 아니라 잘해야 한다는 말을 군대에서 들었다. 맞는 말이라고 생각하고 가슴속 깊이 담아두고 살아간다. 정말 일을 열심히 한다고 알아주는 것이 아니었다. 잘해야 인정받는 것이었다. 육아도 마찬가지였다. 아내의 몸조리를 위해 집에서도 열심히 육아를 했다. 하지만 결과는 아내와 아이를 처가에 한 달이나 보내며 잘못한 일이 되었다.

행복한 가정을 만드는 모습의 아빠. 그리고 아이와 친구같이 지내는 모습의 아빠. 2가지 모습은 한참 아빠가 되는 것에 자신이 있을 때 내가 했던 상상이다. 하지만 건강이 좋지 않으니 그 모습이 상상되지 않았다. 자신감이 바닥까지 떨어진 것이다. 더 이상 '어떤 아빠가 될까?'라는 생각은 떠오르지 않았다. 단지 '어떻게 하면 이 상황을 지혜롭게 극복할까?'라는 고민만 했다.

여러 가지 방법을 생각했다. 다시 생이별을 택하거나 상사와 면담을 하거나 둘 중 하나였다. 나는 다시 생이별을 하고 싶지 않았다. 아내도 마찬가지였다. 그래서 회사에 가서 면담을 했다. 큰 성과는 없었다. 오히려 눈치만 더 보게 되는 상황이 되었다.

성장하는 아빠가 된다

나는 가족의 행복도 찾고 삶의 질을 높이는 방법을 찾기 시작했다. 그러던 중 필연적으로 김태광 대표 코치님이 계신 〈한책협〉을 만났다. 수많은 작가와 1인 창업가를 배출하는 곳이다. 그곳에서 나의 성공적인 미래를 보았다.

스승님께서 정해주신 주제는 '아빠 육아'였다. '나는 과연 어떤 아빠가 될까?'에 대한 답을 찾게 되었다. 나는 책을 통해 나만의 육아 노하우를 알려준다. 그리고 앞으로도 꾸준히 아이와 함께하며 깨닫는 것을 많은 사람들에게 전할 수 있다. 아빠 육아 전문가가 된 것이다.

또 유튜브 채널 '아빠육아tv'를 운영하며 아이와 함께하는 시간이 늘었다. 아이와의 추억을 더 많이 가질 수 있게 되는 것이다. 그리고 유튜브 크리에이터의 삶을 덤으로 얻게 되었다.

아이와 함께 지내는 시간 동안 육아 노하우가 축적된다. 그 노하우를 필요한 사람들에게 코칭 · 컨설팅을 해줄 수 있다. 상담가가 된 것이다. 지금껏 나에게 이런 가르침을 준 사람은 없었다. 스승님 덕분에 정답을 찾았고 그것을 이루는 과정을 살고 있다.

내 주위 아빠들은 대부분 현실에 안주하며 살아간다. 나는 끊임없이 어떤 아빠가 될지에 대해 고민했다. 그리고 행복한 가정을 이루는 모습을 상상하며 도전했다. 지성이면 감천이라 했던가. 열심히만 사는 나에게 하늘이 주신 선물이 스승님이라고 생각한다. 평생 은혜를 잊을 수 없을 것이다.

억지로 하는 아빠 육아가 아니다. 나는 아이와 함께하는 시간이 좋고 육아를 원한다. 아내에게도 내가 집에서 육아하면 안 되겠냐고 말한 적이 있을 정도이다.

나는 아빠 육아를 통해 행복한 아빠가 되는 방법에 대한 답을 찾았다. 그리고 그것이 소명이라고 생각하며 살아간다. 결국 나의 도전이 나를 성장시키는 것이 되었다.

당신도 나와 같이 행복한 가정을 만들고자 하는가? 그러면서 왜 현실에 만족하며 삶을 살아가고 있는가? 나는 꿈을 꾸라고 말하고 싶다. 꿈을 꾸면 이루려는 노력을 할 것이다. 꿈을 이루면 그만큼 성장하게 된다. 이 책을 통해 꿈이 생기고 성장을 이루는 아빠가 되었으면 좋겠다.

6

매일매일 고맙다고
이야기하세요

/

매일매일의 소중함보다 더 소중한 것은 없다.
- 요한 볼프강 폰 괴테

매일 고마운 나의 가족

출산 예정일이 지나도 아이가 태어나지 않았다. 예정일이 5일이 지난 새벽이 되어서야 이상 신호가 왔다. 양수가 터진 것이다. 양수가 터지면 48시간 내에 출산을 해야 한다. 그렇지 않으면 아이가 세균에 감염되기 때문이다. 그나마 다행이었던 것은 한 번에 쏟아지는 위급한 상황은 아니었던 것이다.

유도 분만을 위해 아내를 입원시켜놓고 회사에 출근해야 했다. 당장 처리해야 하는 업무가 남아 있었기 때문이다. 그리고 남은 업무를 주변

동료들에게 인수인계해주어야 했다. 출산 당일에는 연차를 쓰게 되었다. 그런데도 아이는 나오지 않았다. 그때는 아이가 잘못되는 줄 알고 걱정을 많이 했다. 나는 아내와 아이 둘 다 건강하게 출산할 수 있게 해달라고 기도했다. 건강하게만 나와 달라는 말이 저절로 나올 정도였다.

아이는 나와 아내를 이틀이나 마음 졸이게 했다. 다행히 아주 건강하게 태어났다. 출산했던 산부인과는 아빠에게 확인시켜주었다. 손가락 5개, 발가락 5개. 정상이었다. 그렇게 확인하고 나서야 안도의 한숨을 쉬었다. 나와 같은 상황을 겪었거나 출산을 경험한 부모라면 어떤 심정이었을지 충분히 알 것이다.

며칠 뒤 소아과에서 첫 검진을 받았다. 의사 선생님께 선천적으로 아이의 혀가 짧다는 얘기를 들었다. '설소대 단축증'이었다. '설소대 수술'을 하면 혀를 정상 길이로 만들 수 있다고 했다. 그리고 요즘 부모들 사이에서 아이의 유창한 영어 발음을 위해 일부러 한다고 했다. 그런데 내 아이는 실제로 짧았다. 수술 후 아이의 입에서 나오는 피를 내가 직접 지혈해주었다. 아이가 대성통곡을 했다. 한참 뒤 아이가 눈물을 그쳤지만 나는 속으로 계속 눈물을 흘려야 했다. 내가 죄인이 된 것 같은 기분이었다.

2주간의 산후조리원에서의 생활을 마쳤다. 집에 온 후 우리 부부는 집의 온도와 습도를 체크하며 아이의 건강에 만전을 기했다. 그 덕분인지 예방 접종이 있는 날이 아니면 병원에 간 적이 없었다.

다른 아이들은 100일이 넘으면 병원에 입원하는 일이 생긴다고 한다. 우리 아이는 300일 정도 돼서야 병원을 처음 갔다. 기침이 며칠이 지나도 계속되고 목에서 걸걸한 소리가 났다. 그것을 처음 발견한 것이 주말이었다. 응급실을 가려고 했으나 다행히도 열이 없었기 때문에 하루만 더 지켜보기로 했다. 별 탈 없이 주말이 지나고 아내는 아이와 병원에 갔다. 단순 코감기, 목감기였다. 다행히 약만 먹으면 낫는다고 했고 아내는 병원에서 처방해준 약을 아이에게 먹였다. 그렇게 병원을 2번 다녀온 뒤 완전히 나았다.

입원은 해본 적이 없다. 정말 감사한 일이다. 나는 매일 생계를 책임지겠다고 일터로 향한다. 그래서 사실상 아이를 잘 챙겨주기는 힘들다. 아이가 건강하고 항상 밝을 수 있는 것은 아내가 정말 잘 챙겨주고 있는 덕분이다. 아내에게 항상 감사하고 미안하다. 그리고 아빠를 자주 못 보는데도 잘 자라주는 아이에게도 감사하다.

아빠가 함께하는 주말 육아

회사 생활이 너무나 바빴다. 퇴근 후에 아이와 놀아주는 시간은 굉장히 짧다. 거의 대부분의 날은 아이가 잠들고 나서 집에 들어간다.

아이는 하루가 다르게 성장한다. 나는 그것을 자주 놓친다. 나는 그 모습을 놓치기 싫어 주말에는 함께하려 노력한다.

주말 아침이 되면 아이가 눈을 뜨고 벌떡 일어나 앉아 있다. 가끔은 자기가 일어났다고 소리를 치기도 한다. 그 모습을 아빠인 내가 제일 먼저 맞이해준다. 그것으로 주말 아빠 육아를 시작한다.

아이의 기저귀도 갈아준다. 그리고 밤새 뻐근했을 몸을 마사지로 풀어준다. 아이가 바닥을 기어 다니기 시작하면 놀이가 시작된다. 몸으로 놀아주기도 한다.

내 아이는 아무래도 책을 좋아하는 것 같다. 몸으로 놀아주며 감싸고 있던 팔을 풀어낸다. 그리고는 책이 있는 곳으로 쏜살같이 간다. 그때는 책을 같이 보며 읽어준다. 재미있는 책을 볼 때 아이는 혼자서 씩 웃기도 한다. 아침 이유식도 먹인다. 그렇게 하고 나서야 나와 아내도 늦은 아침을 먹을 수 있다. 그렇게 오전 시간이 훌쩍 지나간다. 그리고 낮잠을 재우고 잠시 숨을 돌린다.

아이를 보고 있으면 저절로 웃음이 난다. 아이와 놀아줄 때는 잠시 피곤함을 잊기도 한다. 그리고 평일에 자주 보지 못하는 것이 항상 미안하다. 그래서 더 열심히 놀아주게 되는 것 같다.

아이가 낮잠을 자고 일어나면 더 격렬하게 놀아준다. 아이를 안고 아이가 손짓하는 모든 곳을 다 간다. 거실 유리창과 액자, 냉장고까지 정말 가지 않는 곳이 없다. 그렇게 놀면서 자연스럽게 촉감놀이까지 한다. 목표물에 다다르면 아이가 손으로 만지게 한다. 그러면서 '터치'라고 말하는 것이다. '터치'라고 말하면 아이가 정말 좋아한다.

한 가지 주의할 점이 있다. 아이가 평소에 손을 대면 위험한 것에는 하면 안 된다. 예를 들어 선풍기, TV와 같이 다칠 수 있는 것들이다. 내가 잠깐 한 눈 파는 사이에 손을 댈 수 있기 때문이다.

아이는 나와 함께하는 놀이시간을 좋아한다. 나는 그렇게 즐거워해주는 아이에게 너무나 고맙다. 한 주의 피로가 싹 가시는 기분을 들게 한다. 아이와 함께하는 주말은 진정한 '힐링'이라고 생각한다.

대부분의 아빠들은 퇴근 후와 주말에 누워서 TV를 시청한다. 요즘에는 스마트폰을 들여다보는 아빠들도 많아졌다. 그것이 유일한 낙이라고 하는 경우이다. 하지만 아빠 육아를 하면 아이의 행복한 웃음을 볼 수 있다. 아내도 휴식을 취하니 더 사랑스러운 말투로 나를 대한다. 가족의 행복이 나에게 가장 큰 행복이다.

아빠 육아로 인해 부모와 아이가 서로 마음의 여유가 생긴다. 기분이 좋기 때문에 사소한 일에 관대해진다. 그러면서 자연스럽게 각자의 취미도 즐길 수 있게 된다.

나의 아내는 평일에 독박 육아를 한다. 주말만큼은 육아에서 벗어나고 싶을 것이다. 하지만 내가 주말에 영상 편집이나 책 쓰기를 할 때 옆에서 응원을 해준다. 물론 가끔은 나와 대화를 하고 싶어서 바람처럼 왔다 가기도 한다. 사실 아내도 출산 후 운동을 할 시간이 없었다. 그래서 건강에 이상 신호가 왔다. 그런 상황임에도 나를 믿고 기다려주는 아내에게 정말 감사하다.

가족이 나를 행복하게 한다. 어느 가장이 나를 행복하게 하는 가족을 위해 행복을 안겨준다는 생각을 하지 않겠는가? 나는 나의 행복, 가족의 행복을 위해 주말에도 육아한다.

나는 아빠로 꼭 성공할 것이다. 아빠의 자리에서 아내와 아이를 행복하게 만들어주고 싶다. 지금은 비록 함께하는 시간이 많지 않지만 꾸준히 노력해서 주말뿐만 아니라 더 많은 시간을 보낼 것이다.

조산의 위험

아이가 임신 20주 이후부터 37주 이전까지의 기간에 태어나는 것이 조산이다. 조산은 자연적 조기 진통과 조기 양막파수가 있다.

자연적 조기 진통은 일반적으로 40주 전후 2주에 발생되는 진통이 더 빠르게 찾아오는 것이다. 20주 이후 37주 이전까지의 기간에 진통이 발생된다면 산부인과에 방문하여 검사하도록 하자.

조기 양막파수는 쉽게 알아차릴 수 있다. 임신 기간 중 소변이 아닌 분비물이 물처럼 쏟아져 내리기 때문이다. 이 경우에서는 때와 장소를 불문하고 산부인과에 증상을 미리 알리고 도움을 받아야 한다.

7

하루 두 번 퇴근하는 아빠!

/

어려운 직업에서 성공하려면 자신을 굳게 믿어야 한다.
이것이 탁월한 재능을 지닌 사람보다 재능은 평범하지만
강한 투지를 가진 사람이 훨씬 더 성공하는 이유다.
- 소피아 로렌

가족을 돌아보다

대부분의 직장인들은 출근할 때부터 퇴근을 기다리지 않을까? 사실 퇴근을 기다릴 수조차 없을 정도로 매일 전투적으로 일했다.

매일 주어지는 업무를 마무리 짓기 전에 다른 업무가 쏟아지기 때문이다. 정말 쏟아졌다고 표현할 수밖에 없다. 하루 한 개의 업무를 처리한다고 가정하자. 그렇게 다음 날 출근하면 2~3배의 업무가 생긴다. 내 모습을 보고 사람들이 고개를 저으며 업무를 바꾸려는 생각조차 하지 않을 정도였다.

나는 '언젠가는 알아주겠지.'라는 생각으로 포기하지 않고 꾸준히 해나갔다. 결과는 진급은커녕 건강만 나빠졌다. 건강이 나빠졌다고 내 사정을 다 봐줄 수 없는 것이 사회생활이다. 그래서 오늘도 열심히 일하고 퇴근한다. 가끔 야근도 하면서 말이다.

입사 면접 때 "세계에 회사 이름과 함께 내 이름을 알리고 싶습니다."라고 말했다. 나는 그만큼 회사에 최선을 다했다. 내가 뱉은 말을 이루기 위해서는 그래야 했다. 그리고 그렇게 하면 회사에서 나를 인정해줄 것이라고 생각했다. 하지만 회사에서 보냈던 7~8년의 시간은 나에게 실망감을 주었다. 한편으로는 감사한 마음이 든다. 회의감을 느끼면서 가족을 다시 돌아볼 수 있었기 때문이다. 하지만 회의감이 들어도 일은 계속해야만 했다.

나는 빠르게 업무 처리를 하기 위해 스마트폰에 관심을 가지지 않으려 노력한다. 집중도가 깨지기 때문이다. 그래서 점심시간이 되어야 겨우 아내가 보내온 메시지를 보고 답장을 한다. 요즘은 이마저도 아이의 점심시간과 겹쳐 힘들다.

아이와 함께하는 아내는 종종 아이의 사진을 보내줬다. 그것을 나는 점심시간이 되어야 본다. 하지만 최근 들어서는 사진을 잘 보내지 않는다. 아내는 사진은 찍지만 보내지는 않는다고 했다. 이해한다. 내가 바로 반응이 없으니 재미없을 것이다. 하지만 나는 아이 사진을 보면 힘이 난다. 아마 아이를 가진 모든 아빠들이 같은 생각을 하지 않을까? 우리 아이처럼 태어난 지 얼마 되지 않은 경우라면 더욱 그럴 것이다. 하루하루 달라지는 모습을 보고 있으면 기쁘고 행복해진다. 아이의 사진을 보고 있으면 절로 미소가 나온다. 미소 짓고 있으면 선배들이 다가와 그렇게 좋으냐고 물으며 지나가기도 한다.

항상 집에 있는 아내와 아이에게 미안하고 또 미안하다. 생계를 위해 어쩔 수 없이 일을 한다. 하지만 나는 가족과의 시간보다 소중한 시간은 없다고 생각한다. 그래서 최근에는 퇴근 시간을 조금 앞당겼다. 아이가 잠들기 전에 집에 가서 아이의 얼굴을 꼭 보려고 한다. 아이의 모습을 보면 하루의 피로가 모두 사라지기 때문이다.

내가 집에 들어섰을 때 아이는 날 향해 있는 힘껏 달려온다. 사실은 최선을 다해 기어온다. 어느 아빠가 그 모습을 보고 행복하지 않을 수 있겠는가. 정말 피로회복제를 먹지 않아도 피로가 사라지는 것을 느낀다.

나는 아이를 힘껏 안아주기 위해 집에 오자마자 씻는 편이다. 아이는 퇴근한 아빠를 보고 싶어 화장실 문 앞에서 기다린다. 어느 날은 아이가 화장실 문 앞에 떠나지 않았다. 그래서 아내가 아이를 안은 채로 화장실 문을 열어놓고 씻기도 했다. 그렇게 나는 한 번의 퇴근을 마무리한다. 동시에 두 번째 출근을 한다.

두 번째 출근으로 느끼는 보람

내 아이는 평소 장난감에 집중하면 옆에 다가온 아빠를 신경도 안 쓴다. 아이와 함께 장난감을 가지고 놀겠다고 손을 내밀면 뿌리치는 아이이다. 하지만 처음 접하는 장난감을 가지고 놀 때는 달랐다. 아빠에게 먼저 장난감을 내밀었다. 그리고 나는 아이가 주는 장난감을 받아든다.

아이는 처음 접하는 장난감으로 어떻게 놀아야 할지 몰랐을 것이다. 알려달라고 나에게 주었다고 생각한다. 이렇게 장난감을 주며 '내가 평소와 다르게 행동하는 이유를 맞춰보세요.'라고 무언의 퀴즈를 낸다. 퀴즈의 정답을 아이에게 말이나 행동으로 보여준다. 아이는 정답을 알려준다. 맞으면 나의 말과 행동을 받아들인다. 틀리면 손을 절레절레하거나 돌아서서 가버린다. 이런 행동조차 너무나 신기하고 즐겁다.

내가 호기심이 많은 성격이어서 그럴 수도 있다. 하지만 나처럼 '퀴즈를 푼다.'라고 생각한다면 아이와 함께하는 시간이 더 즐거울 수 있다. 스트레스를 받았던 일까지 자연스럽게 잊어버리기도 한다. 두 번째 출퇴근이라는 아빠 육아에서 일석이조의 효과를 보는 것이다. 아이가 낸 퀴즈를 맞히면 '평소와 다른 이유 맞추기' 놀이를 한 보람을 느끼기도 한다. '오늘은 아이가 어떤 모습을 보여줄까?' 하는 기대도 생긴다. 내가 육아를 하며 즐거울 수 있는 이유이다.

모든 아빠들이 나와 같을 수는 없을 것이다. 특히 출장을 많이 다닌다면 더 그렇다. 지인이 겪은 이야기이다. 그는 출산한 지 얼마 되지 않아 해외 출장을 가게 되었다. 짧은 기간이었지만 가족들과 떨어져 지내게 된 것이다. 무엇보다 태어난 지 얼마 되지 않은 아이와 말이다. 회사에 사정을 했지만 결국 출장지로 떠나야 했다. 그나마 위안이 되었던 것은 요즘 기술이 좋아졌다는 것이었다. 영상통화로 멀리 떨어져 있어도 쉽게 얼굴을 볼 수는 있었던 것이다.

그는 출장지에서 퇴근하면 무조건 액정 너머로 아이를 만났다고 한다. 하지만 그렇게 얼굴을 볼 때에는 아내와 아이에게 미안한 마음이 들었다고 한다. 그렇게 며칠을 애틋한 영상통화를 한 뒤 한국으로 돌아왔다. 집에 도착해서 아이를 안았는데 아이가 낯을 가리더란다. 출장을 다니지 않는 회사로 이직까지 생각했다고 한다. 그는 나에게 낯가리는 아이를 봤을 때의 심정을 말한 적이 없다.

우리 아이도 한동안 늦게 퇴근해서 나를 보지 못한 적이 있다. 그때 '아빠'라고 하면 거실에 걸려 있는 결혼사진 액자를 쳐다보기도 했다. 그래서 그가 얼마나 가슴이 아팠을지 상상이 되었다.

대부분의 남자들은 생계를 위해 직장 생활을 한다. 직장 생활을 하며 스트레스를 받는다. 특히 아이가 있으면 더 힘들어한다. 아이가 없었다면 직장에서 퇴근 후 스트레스를 풀거나 쉴 수 있을 것이다. 하지만 대부분의 아빠들이 집에서 육아를 한다. 그래서 스트레스가 쌓인다.

"피할 수 없다면 즐겨라."라는 말이 있다. 육아를 피할 수 없다면 즐겨야 한다. 나처럼 육아를 하며 아이가 내는 퀴즈를 풀어보는 것을 권한다. 아이와 즐거운 시간을 보낼 수 있다. 그리고 육아에 대한 관심이 생길 것이다. 관심이 생긴다면 아빠 육아를 즐겁게 할 수 있게 된다. 덤으로 가족의 행복까지 얻을 수 있게 된다는 말이다.

지금부터라도 두 번째 출근을 즐겨보는 것은 어떨까? 두 번째 퇴근할 때 보람은 몇 배의 행복이 되어 돌아올 것이다.

8

아빠는 저절로 슈퍼맨이 된다

/

이 순간 살아 있으매 모든 삶의 축복에 대한 경외심을 느끼곤 한다.
- 오프라 윈프리

아빠는 슈퍼맨

'슈퍼맨' 하면 무엇이 떠오르는가? '힘이 세다.', '지구를 지킨다.' 이런
말들이 떠오를 것이다. 나는 모든 수식어들을 합쳐놓은 '초능력'이라는
말이 떠오른다.

몇 년 전부터 TV 예능 프로그램이나 광고에서 아빠를 슈퍼맨으로 그
리는 경우가 많다. 대표적으로 KBS2TV에서 방영되는 〈슈퍼맨이 돌아왔
다〉가 있다. 이 프로그램은 아내에게 48시간의 휴가를 주고 아이들을 돌
보는 연예인 아빠들의 육아 도전기를 그린다.

물론 TV 프로그램이라 대부분 좋은 장면을 보여준다. 그래서 현실적이지 않다고 느끼는 부분도 있었다. 하지만 TV 속 모습을 통해 아빠 시청자들에게 육아 참여에 대한 동기 부여를 해준다.

나는 아이가 태어나기 전부터 이 프로그램을 시청했다. 이 프로그램을 보면 아빠들은 초능력이 있어 보였다. 옹알이하는 아이의 말을 알아듣는다. 쌍둥이들을 혼자 케어하기도 한다.

실제 방송되는 장면을 보면 아빠와 아이들이 외출을 하는 경우가 많다. 48시간 동안 집에만 있으면 할 수 있는 것이 한정적이다. 그렇게 외출을 해서 겪게 되는 에피소드가 있다. 이는 아이가 새로운 체험을 할 수 있게 한다.

특히 아빠가 갑자기 곰이나 공룡으로 변장을 하고 나타나 아이를 놀래키는 장면처럼 말이다. 이것 말고도 주변 환경에 의해 놀라는 장면도 있다. 갑자기 큰 소리가 나면 아이는 겁을 먹고 아빠에게 안긴다.

나는 이 프로그램을 보고 아이가 태어난 후의 일을 상상했다. 아이가 무서움을 느낄 때 나에게 안기는 상상과 단둘이 외출하는 상상이었다. 상상만으로도 너무 행복하고 가슴이 벅차올랐다.

아내가 아이를 임신한 후 아이와 함께하는 상상을 더욱 구체적으로 했다. 다양한 상상을 했던 것 같다. 그중 가장 많이 상상했던 일이 있다. 아이에게 나의 어린 시절 추억이 깃든 곳들을 보여주는 것이다. 어린 시절

뛰놀던 학교와 내가 살던 동네이다. 그곳들을 찾아다니며 아빠인 나의 추억을 알려주고 싶다. '아빠는 어린 시절 이런 곳에 살았구나.', '아빠가 어린 시절에는 이렇게 놀았구나.'라는 생각을 했으면 한다. 그러면서 아이도 자신의 삶을 추억으로 남겼으면 한다.

아빠는 아이를 보호하는 역할도 한다. 그리고 아이의 추억을 지켜주는 역할도 있다. 평범한 직장인 아빠들은 물질적으로 모든 것을 다 해주고 싶어 할 것이다. 하지만 현실은 그렇지 못하다. 그래서 나는 아이에게 행복한 추억을 선물하는 것을 추천한다. 삶을 살아가면서 힘이 될 수가 있기 때문이다. 내 아이도 자신의 추억을 소중한 보물이라고 여겼으면 하는 바람이다. 그리고 자신이 힘이 들 때 꺼내어 행복함을 느꼈으면 한다. 이것은 아빠의 과거를 통해 아이의 미래를 만들어줄 수 있는 초능력이다.

아빠가 슈퍼맨인 이유는 또 있다. 요즘은 엄마들도 일을 많이 한다. 하지만 아직도 많은 아빠들이 생계를 책임지고 있다. 책임감이라는 것이 바로 초능력인 것이다. 책임감이 강하다면 어떻게든 자신의 능력을 끌어올리게 된다.

나는 입사 전에 교통사고 한 번 나지 않았던 사람이었다. 그런데 최근 몇 년간 교통사고만 6번이 났다. 하지만 회사 눈치를 보느라 제대로 치료를 못했다. 최근 1년 전에는 일을 하다가 다쳤다. 아직 나이는 30대인데 벌써 몸은 만신창이가 된 것이다.

무릎은 앉았다 일어날 때마다 '두둑' 소리가 난다. 날씨가 흐린 날에는 무릎이 시큰거린다. 그리고 비만 오면 다리가 무거워져 걸음이 무겁다. 허리는 일을 하다가 디스크가 2번이나 터졌다. 치료받던 도중 다시 터진 것이다. 의자에 앉았다 일어서면 다리 근육이 수축된다. 그래서 바로 발을 뗄 수가 없다. 걸을 때도 수시로 전기가 발가락 끝까지 온다. 그럼에도 가정을 책임지는 가장의 역할을 해낸다. 생계를 위해 출근해서 최선을 다하고 퇴근 후에는 육아에 최선을 다하는 것이다.

나는 내가 아픈 것을 자랑하는 것이 아니다. 아빠라면 가장으로서의 책임감이 있어야 한다는 것을 이야기하고 싶은 것이다. 아빠의 책임감은 가족의 사랑이 더해져 시너지 효과를 낸다. 때로는 나보다 더 악조건에서도 육아하는 아빠들을 보며 이겨낸다.

육아하는 아빠는 아름답다

어느 날 회사 셔틀버스를 타고 퇴근하는 날이었다. 그날 우연찮게 보게 된 블로그가 있다. 그 블로그 이름은 '사랑에 장애가 있나요?'였다. 블로그 제목부터 눈길을 끌어 게시된 포스팅을 보기 시작했다. 4살 때 사고로 한쪽 팔다리를 잃은 아빠의 이야기를 보았다. 그의 아내가 작성한

포스팅이었다. 글을 보면 사진이 있다. 아이를 안고 행복해하는 아빠의 모습을 볼 수 있는 사진이다. 다른 글의 사진을 보아도 행복한 웃음이 그의 얼굴에 가득하다.

다른 사람들과 모습이 다르다고 좌절하지 않고 아이에게 행복한 웃음을 보이며 산다. 내가 생각하기에 그는 진정한 슈퍼맨이다. 나는 사지가 멀쩡하다. 몸이 아파 육아를 못한다는 생각과 고민을 말끔히 지워준 포스팅이다.

나의 스승이자 〈한책협〉 김태광 대표 코치님도 이런 말씀을 하신 적이 있다.

"어려운 상황이라고 포기하지 말고 되는 방법만 생각해라."

얼마나 슈퍼맨 같은 생각인가? 정말 초인을 넘어서 신의 경지에 오른 사람만이 할 수 있는 말인 것 같다. 보통 사람이라면 어려운 상황에 처했을 때 부정적인 생각을 하기 마련이다. 하지만 되는 방법만 생각하라고 하셨다.

나도 책을 쓰고 유튜브를 하면서 초인이 된다. 정말 있는 시간, 없는 시간 쪼개어 활용한다. 아이와 함께 자유와 행복을 만끽하는 상상하며 그것이 실현됨을 믿고 나의 모든 시간을 제대로 활용하는 것이다.

성공적인 꿈을 이루기 위해 틈틈이 책을 쓴다. 아이와의 시간을 영상을 추억으로 남기겠다는 꿈을 생각한다. 그래서 영상을 만들어 유튜브에 게시한다. 직장인인 나도 회사에서 퇴근한다. 남들보다 늦게 퇴근할 때에도 자투리 시간을 활용한다. 시간을 지배하는 초능력이 생긴 것이다.

앞서 슈퍼맨을 생각할 때 초능력이 떠오른다고 했다. 어떤 연예인을 보면 노래도 잘하고 연기도 잘한다. 심지어 운동도 잘한다. 이처럼 만능 엔터이너는 여러 방면에서 잘하는 것이다. 특별한 사람들만 초능력이 있는 것이라고 생각했다. 그러던 어느 날 문득 '나도 만능 엔터테이너구나.'라는 생각을 했다. 먼저 아이와 동요를 따라 부르며 '가수'가 된다. 동화책을 생동감 있게 읽어주며 '배우'가 되기도 한다. 아이의 영상을 찍고 편집하는 '연출자', '촬영감독'이 되기도 한다. 당신도 아빠가 되면서 저절로 슈퍼맨과 같은 초능력을 가지게 되었다.

오늘도 아이와 함께 시간을 보낸다. 그동안 한 가지 모습만 보여주는 것에 그치지 않는다. 아이도 지루함을 느끼기 때문이다. 평범한 나도 만능 엔터테이너가 된다. 당신도 초능력을 발휘하는 아빠가 되어보자. 아이에게 동화, 동요를 들려주고 아이와의 시간을 영상에 담자. 아이와 더 공감을 할 수 있게 된다. 그렇게 한다면 아이는 아빠에게 호감을 갖게 될 것이다.

나는 아이에게 다양한 모습을 보여주길 원한다. 그러면 아이가 나를 더 좋아하기 때문이다. 이로 인해 없던 힘까지 짜내어 육아할 수 있고 즐길 수 있게 된다.

나처럼 세상 모든 남자가 아빠가 되는 순간, 무엇이든지 이룰 수 있는 슈퍼맨이 된다.

출산 전 100일, 아기와의 첫 만남을 위한 생생 정보

①

출산 전 아빠가
준비해야 할 것들

/

미숙한 사랑은 '당신이 필요해서 당신을 사랑한다'고 하지만
성숙한 사랑은 '사랑하니까 당신이 필요하다'고 한다.
- 윈스턴 처칠

출산을 위한 완전 군장, 출산가방

군인들은 훈련 기간이 되면 언제든 전장에 뛰어들 수 있도록 군장을
준비한다. 출산 예정일이 다가오면 대부분의 부모들은 전장에 뛰어드는
군인이 되는 것 같다. 언제든지 출산을 하러 가기 위해 군인들의 완전 군
장과 같은 출산가방을 준비를 하는 것이다.

우리 부부도 여느 부부와 같이 출산가방을 미리 준비했다. 산부인과를
다니며 아내와 아이의 기록이 담긴 산모수첩을 챙긴다. 그 수첩에는 아

3장 - 출산 전 100일, 아기와의 첫 만남을 위한 생생 정보 | 127

이의 초음파사진은 물론 아이의 상태가 적혀 있다. 그리고 아내가 검사 받은 결과가 있다. 아내가 접종한 주사의 내용도 적혀 있다. 산모수첩 외에도 필수로 준비해야 하는 물품들이 있다. 아내는 산부인과에서 입원하는 3일을 위한 가방을 쌌다. 그 이후 산후조리원에서의 14일을 보내기 위한 것은 아내가 입원해 있는 동안 내가 가져다주기로 했다.

아내가 입원해서 사용할 물건들을 병원에서 알려준 대로 챙겼다. 가장 기본적인 세면도구를 챙겼다. 칫솔은 잇몸이 약해진 산모용이 따로 있다. 그래서 산부인과에서 지급해주는 것을 사용했다. 치약도 따로 챙기지 않았다. 양치질 후 사용할 가글과 치실은 챙겨가야 했다. 스킨, 로션과 같은 기초화장품도 챙겼고 머리를 정돈할 빗도 가방에 넣었다. 입원병동에 별도의 샴푸실이 있어 드라이기는 구비되어 있었다. 나는 그 샴푸실에서 미용실의 헤어디자이너가 됐다. 아내의 머리도 감겨주고 말려준 기억이 난다.

다음은 샤워를 위해 필요한 샴푸, 린스, 바디워시, 폼클렌징은 새어나오지 않도록 비닐로 덮어 챙겼다. 수건은 병원에서 지급되지 않아 5장을 챙겼다. 혹시 모르는 상황을 대비해 밤에 사용할 수 있는 생리대도 함께 가방에 넣었다. 하지만 병원에 성인용 기저귀도 구비되어 있었다. 그래서 챙겨간 생리대는 사용하지 않았다.

사람마다 개인차가 있겠지만 출산 후 3~4일째에 초유가 나온다고 했다. 그리고 젖이 돌게 되면 브래지어 안에 가제 손수건을 넣으면 된다고 했다. 굳이 수유패드는 챙기지 않았다. 역시나 아내가 입원해 있는 동안은 젖이 나오지 않았다. 입원실에서 지내는 3일 동안은 문제가 없었다. 출산 후 바로 젖몸살로 고생하는 산모들이 있다고 하니 혹시 모를 상황을 대비해 수유패드도 가방에 함께 넣기는 해야 할 것이다. 만약을 위한 대비이다.

아내가 입원한 산부인과는 시설이 좋았다. 서비스 또한 좋았다. 그래서 굳이 챙기지 않아도 되는 것들이 있었다. 칫솔, 치약, 드라이기, 생리대, 빨대컵, 도넛방석 등이다. 지급되는 물품들은 병원마다 다르니 출산 예정일이 되면 병원의 안내를 받길 바란다. 불필요한 물품까지 챙기면 짐만 많아진다. 그리고 산모 혼자 병원에 가야 하는 경우가 생길 수도 있다. 그러니 꼭 필요한 물품들만 챙겨 최대한 가볍게 해야 한다.

아빠는 5분 대기조

출산 예정일이 다가오면 수시로 아내의 상태를 체크할 필요가 있다. 언제 어디서 아이가 나올지 모르기 때문이다.

나는 예정일이 다가오면서 더 자주 아내에게 연락을 했다. 업무 시간에는 중간에 틈이 날 때 문자를 했다. 점심시간에는 무조건 전화통화를 하기도 했다. 몸 상태를 먼저 물어보면 안심이 되기 때문이었다. 그리고 연락을 하지 않을 때도 스마트폰을 항상 가까이 두었다.

퇴근을 최대한 일찍 하려고 노력했다. 일찍 퇴근하는 날에는 함께 외식을 하기도 했다. 마트에서 장을 보고 들어와서 요리를 만들어주기도 했다. 진수성찬은 아니었지만 평소에 해주지 않았던 새로운 것을 해주었다. 주로 힘을 보충해준다는 요리였다. 가장 생각나는 것은 오리고기 호박찜이다. 가장 오래 걸렸던 요리였다. 단호박 속을 파낸다. 그 속에 오리고기를 넣어서 찜기에 넣어 쪄먹는 요리이다. 그날 이후에는 시간이 오래 걸리는 요리 대신 소고기를 사와서 구워먹는 날이 대부분이었다. 소고기 굽기 달인이 될 정도였다.

아내가 씻고 나오면 튼살 크림을 발라주기도 했다. 그러면서 몸 상태를 물었다. 침대에 누워서는 배를 어루만지며 아이에게 고생했다고 말했다. 아내의 머리를 쓸어 넘겨주며 사랑한다고 말해주기도 했다. 일부러 노력하지 않았다. 아내가 행복하길 바랐고 아이가 건강하길 바라는 마음에서 나온 것이다. 그렇게 하면서 아빠인 나도 함께 행복했다.

새벽에는 선잠을 잤다. 물론 어떤 날은 피곤해서 아내의 뒤척임도 느끼지 못하는 날도 있었다. 하지만 자다가 눈을 뜨는 날이면 아내에게 이불을 다시 덮어주었다. 그리고 아내의 상태를 살폈다.

어떤 아빠들은 출산이 다가와도 무엇을 준비해야 하는지 모르는 경우가 있다. 딱히 준비해야 하는 것을 말해주는 사람도 없다. 나는 출산 전아빠가 하는 모든 것이 준비라고 생각한다.

출산가방을 챙길 때 함께 도와주는 것도 준비하는 것의 일부이다. 또아내와 아이의 건강 상태를 체크하는 것도 아빠가 출산을 위해 준비하는것이다. 얼굴 볼 시간이 많지 않아도 아내에게 연락을 한다면 그것도 아빠가 꼭 해야 하는 출산 전 준비이다. 이렇게 하는 것만으로 부부의 사랑도 더 커진다. 둘만의 소소한 행복을 느낄 수 있기 때문이다.

보통 출산 예정일이 다가오면 아빠들은 군대에서 말하는 5분 대기조가된다. 군대의 5분 대기조는 군복을 입고 잠을 잔다. 언제든지 비상 상황에 대처할 수 있게 만반의 준비를 하고 자는 것이다. 나 또한 비상 상황을 대비해 출산 5분 대기조가 되었다.

미리 챙겨놓은 출산가방을 잘 보이는 곳에 두고 잤다. 평소에는 몸에열이 많아 상의를 입고 자지 않았다. 하지만 그때는 상의까지 입고 잠을잤다. 아내의 겉옷도 항상 잘 보이는 곳에 두었다. 자동차 키도 눈에 잘보이는 곳에 놓았다. 최대한 빠르게 이동하기 위해 매일 그렇게 준비했다. 퇴근 후 자동차를 주차하는 것도 최대한 빨리 탈 수 있는 곳에 했다.

비상시에는 스마트폰으로 산부인과나 소방서에 연락해야 한다. 그래서 스마트폰을 항상 머리맡에 두고 충전을 시켰다. 산부인과 응급실 전화번호는 꼭 저장해야 한다.

이렇게 만반의 준비를 해둔 것이 양수가 터져 병원에 가게 되었을 때 빛을 발하게 됐다. 하지만 우리 부부가 미처 생각하지 못해 준비하지 못한 것이 한 가지 있었다.

새벽에 산부인과에 가서 입원을 하고 출산에 임박하면 금식을 하게 되는 경우가 있다. 금식 후에는 정말 아무것도 먹지 못한다. 금식 전에 허기진 배를 조금이라도 채울 수 있도록 해야 한다. 두유나 삼각김밥 등 간단히 먹을 수 있는 것을 미리 준비할 것을 권한다.

출산이 다가오면서 항상 긴장상태일 것이다. 아이가 언제 나오려고 할지 모르기 때문이다. 하지만 불안감만 가지고 생활할 수는 없을 것이다. 직장에서 일을 해야 하기도 하고 잠도 자야 하기 때문이다. 하지만 아빠들의 불안감과 긴장을 완화할 수는 있다.

아내도 출산 예정일이 다가오면서 긴장 상태일 것이다. 하루 종일 무거운 몸으로 생활하는 것도 고단할 것이다. 그런 아내의 건강 상태를 체크해보자. 그러면 자연스럽게 아이의 상태도 알 수 있게 된다. 그러면서 아빠 또한 안심이 되고 행복해진다. 아빠는 그렇게 출산 준비를 함께하면 되는 것이라 생각한다.

초보 아빠가 준비해야 하는 것

첫째, '마음가짐'이다.

아이가 생기면 생활에 많은 변화가 찾아온다. 이때 스트레스를 받지 않으려면 이미지 트레이닝을 하면 좋다. 아이가 생긴 후의 생활을 미리 상상해보고 대처 방법을 생각하는 것이다. 완벽한 대처는 아니라도 분명히 그 상황을 맞이했을 때 도움이 될 것이다.

둘째, '건강'이다.

나는 출산을 앞두고 건강 상태가 좋지 않아 사랑스런 아이를 제대로 안아주지도 못한 때가 있었다. 항상 모든 일에는 건강이 최우선이라는 것을 생각하고 지치지 않는 체력을 갖추도록 하자. 신생아 때는 아이가 새벽에 자주 깨기 때문에 체력을 미리 길러놓을 것을 추천한다.

※ 출산 가방 List

산모 수첩, 신분증, 현금, 신용카드, 수유패드, 가제 손수건, 모유 저장팩, 손목 보호대, 임부팬티, 산후내복, 수유 민소매 티셔츠, 수면 양말, 세면도구(가글포함), 영양제(비타민D, 칼슘), 슬리퍼, 스마트폰 충전기, 물티슈

출산을 위한 산부인과는 어디가 좋죠?

/

누군가를 사랑한다는 것은 자신을 그와 동일시하는 것이다.
- 아리스토텔레스

어떤 산부인과에 가야 할까?

우리 부부는 아이를 임신하고 나서 산부인과를 알아보았다. 산부인과는 아이가 태어나기 전부터 태어나고 나서도 다닐 수 있어야 한다. 산부인과를 선택하는 기준은 인터넷에서 쉽게 찾을 수 있었다. 하지만 우리는 그것과 완전히 동일한 기준으로 선택하지는 않았다.

나와 아내는 수시로 인터넷 검색을 했다. 그렇게 검색과 우리 상황에 맞게 10가지 기준을 정했다. 기준을 정할 때 고려한 것이 있다. 집과의 거리, 유명 의사 선생님 유무, 응급상황 시 즉각 대처 가능 여부 등이다. 자세한 내용은 뒤에서 다룬다.

우리집은 비교적 외진 곳에 있고 집 근처에는 대학병원뿐이었다. 하지만 대학병원은 사람들이 많아서 가고 싶지 않았다. 사람이 많으면 진료 대기 시간이 길어지기 때문이다. 그리고 유명 의사 선생님은 개인 병원에 가야 만날 수 있었다.

우리 부부는 되도록 자연분만을 하고 싶었다. 그래서 자연주의 출산 경험이 많은 병원으로 선택했다. 자연주의 출산과 자연분만을 헷갈려 하는 사람들이 있다. 그래서 잠시 설명하고 넘어간다.

자연주의 출산은 일명 '무통 주사'처럼 의학적 약물을 이용하지 않는 분만이다. 임산부들이 제일 무서워하는 '내진'이라는 것도 없는 출산이다. 한마디로 의학적인 도움 없이 아이를 출산하는 것이 자연주의 출산이다. 자연분만은 앞서 말한 약물과 내진 등 의학적 도움들을 받으며 출산하는 것이다.

자연분만을 하려는 우리의 바람과는 다르게 출산 예정일이 지나고 양수가 터졌다. 잘못하면 제왕절개를 해야 하는 상황이었다. 하지만 우리의 걱정과는 다르게 유도 분만을 하면 자연 분만을 할 수 있다는 사실을 알게 되었다. 아내는 출산이 임박하면서 '무통 주사'를 맞고 싶어 했다. 고통 없는 출산, 그야말로 '무통 천국' 상태에서의 출산을 원한 것이다.

나 또한 아내가 힘들어하는 모습을 보고 무통 분만을 하기로 결정했다.

산부인과 선택만으로도 이렇게 고민이 될 줄 생각도 못했다. 내가 생각한 것 이상으로 찾아보고 준비해야 하는 것들이 많았다. 산부인과뿐만 아니라 임신 이후의 모든 것이 그렇게 생각되었다. 우리 부부는 고민 끝에 겨우 원하는 산부인과를 정할 수 있었다. 그리고 안전하게 자연분만을 하고 아내의 건강 관리에 더 신경 쓰게 되었다.

출산 예정일이 점점 가까이 왔을 때의 일이다. 우리 부부는 자면서도 신경을 곤두세웠다. 나는 평소에는 잠들면 웬만해서 아침까지 깨지 않는다. 그런 내가 아내의 작은 뒤척임에도 잠이 깰 정도였다. 하지만 출산 예정일이 지나도 아이는 나오지 않았다. 의사 선생님께 예정일 앞뒤로 1~2주 정도는 괜찮다는 말을 듣고 기다렸다.

아이가 건강하게 나오기만을 기다리던 어느 날이었다. 아내가 새벽에 화장실에서 나를 다급하게 불렀다. 소변이 아닌 물이 주르륵 흘러나왔다는 것이다. 아내는 양수가 터진 것 같다고 했다. 급하게 산부인과 응급실에 전화를 걸었다. 몇 가지 질의응답을 했다. 결국 병원에 내원할 것을 권유했다.

급하게 준비를 하고 병원으로 향했다. 새벽이라 차가 막히지 않아 금방 도착할 수 있었다. 입원을 하기 전에 몇 가지 사전 검사를 했다. 다행히 양수가 터진 것은 아니라고 했다. 임산부에게 흔히 있을 수 있는 분비물 배출이라는 답을 들었다. 우리는 안도의 한숨을 내쉬고 집으로 돌아왔다. 하지만 며칠 뒤 두 번째 양막파수 의심 증상이 나타났다. 그날 병원에 갔을 때 실제 양막파수로 확인되어 유도분만을 통해 출산하게 되었다.

산부인과 정하는 기준

임신을 하고 출산에 임박하면 평소와 다른 일에 예민해진다. 긴가민가한 상황이 생긴다면 바로 병원에 자문을 구하는 것이 가장 좋다. 평소와 다른 일이 큰일이 될 수 있기 때문이다. 우리 부부도 인터넷과 경험에 의존했다면 위험한 상황을 너머 급박한 순간을 경험했을 것이다. 산부인과에서 첫 임신 판정을 받으면 응급실 전화번호를 알려줄 것이다. 그것을 항상 눈에 잘 보이는 곳에 붙여놓거나 저장해놓을 것을 권한다.

우리 부부는 처음 산부인과를 정할 때 시설의 위생도 고려했다. 아이가 처음 태어나면 기초 면역력만 가지고 있기 때문에 수많은 세균에 노출되면 위험할 수 있다. 그래서 절대적으로 고려하지 않으면 안 되는 것이다. 인터넷 검색을 하는 중에 세균에 감염된 아이와 관련된 기사를 접할 수 있었다. 신생아가 태어난 병원에서 세균에 감염되어 사망했다는 기사였다.

신생아 관리 부재로 인한 사망 사고에 대한 것도 고려할 점이었다. 첫 세상에 나온 아이를 제대로 돌보지 않는 것은 책임감이 없는 산부인과라고 생각했다. 우리는 산부인과 3곳을 이미 추려낸 상황이었다. 더 열심히 인터넷 검색을 했다. 지인들에게 조언을 구하기도 했다. 결국 사망사고가 없던 산부인과를 고를 수 있었다. 개업한 지 얼마 되지 않은 산부인과였다. 3곳 중 가장 거리가 멀었지만 그곳에 먼저 가보기로 했다.

직접 가보니 개업한 지 얼마 되지 않아 시설도 깔끔했다. 그리고 내가 살고 있는 지역에서 유명한 의사 선생님이 계신 곳이기도 했다. 우리는 처음 방문하자마자 그곳으로 결정했다. 그리고 유명 의사 선생님께 출산을 맡겼다.

우리 아이가 태어나면서 처음 맞이하는 사람은 의사 선생님이다. 그런데 조심성이 없거나 책임감 없는 의사라면 믿을 수 있겠는가? 아마 그런 의사에게 출산을 맡기고 싶은 부모는 없을 것이다. 우리는 의사 선생님을 정말 잘 만났다. 그분을 만났을 때 진심으로 산모와 아이를 위한다는 느낌을 받았기 때문이다. 그 느낌이 틀리지 않았다는 것을 출산 이후 알 수 있었다.

마지막으로 우리 부부가 고려한 것은 한 건물에 산후조리원이 함께 있는 산부인과였다. 내가 산부인과를 찾아볼 때 처음 알게 된 사실이 있다.

산부인과에 산후조리원이 함께 있지 않은 곳도 있다는 것이었다. 나는 당연히 산부인과와 산후조리원이 함께 있는 것이라고 생각했다.

만일 한 건물에 있지 않다면 세균 감염에 더 쉽게 노출될 가능성이 많다. 그래서 무조건 산후조리원이 함께 있는 곳으로 찾았다.

같은 건물에 있으면 산부인과 진료 보기도 편하다는 것을 지인을 통해 들었다. 그래서 그것까지 함께 생각했다. 하지만 산모의 입원 기간이 끝나고 바로 집으로 가는 경우도 있다는 것을 알게 되었다. 집에서 산후조리를 하는 산모들의 경우이다. 그래서 필수적으로 고려할 사항이 아니라는 것을 말해주고 싶다.

다음은 우리 부부가 산부인과를 정할 때 고려한 10가지이다.

첫째, 집에서 병원까지의 거리가 자동차로 15분 이내일 것
둘째, 분만 사고가 없는 산부인과일 것
셋째, 자연주의 분만을 하는 산부인과일 것
넷째, 유명 의사 선생님이 계실 것
다섯째, 가족분만실이 있을 것
여섯째, 응급상황 시 대처가 즉시 되는 곳일 것
일곱째, 많은 사람들이 찾는 병원일 것

여덟째, 나의 직장과도 자동차로 15분 이내에 있을 것

아홉째, 시설이 청결하고 위생적일 것

열째, 한 건물에 산후조리원과 소아과가 있을 것

우리 부부가 정한 10가지도 산부인과 선택의 정석은 아닐 수 있다. 따라서 참고는 하되 무조건 똑같이 따라 할 필요는 없다.

내가 우리 부부의 노하우를 이 책에 담는 이유는 하나이다. 당신이 아이를 맞이하기 전 부모의 역할을 하는 데에 조금이나마 도움을 주고 싶은 것이다. 더 구체적인 도움을 받고 싶다면 주저 없이 인스타그램 계정(@chobo.abba)으로 다이렉트 메시지를 보내길 바란다.

건강한 출산을 위해 운동하자

/

더 많이 사랑하는 것 외에 다른 사랑의 치료약은 없다.
- 헨리 데이비드 소로우

건강한 출산을 위한 운동

아내는 출산 전 건강한 출산을 위한 운동을 했다. 산부인과에서 진행하는 프로그램 중 하나였다. 바로 '임산부를 위한 산전 요가'이다. 아내는 어린 시절 장모님과 함께 요가를 배운 적이 있다. 그러면서 자신에게 맞는 운동이 '요가'라고 말한 적이 있다. 결혼 후에도 집에서 요가매트를 깔고 요가를 하기도 했다. 오랜만에 하는 것이었는데도 전문 강사처럼 잘했다. 그 모습을 보았던 나는 당장 산전 요가 프로그램에 참여하도록 권했다. 한동안 공부를 하면서 운동을 하지 않았던 아내였기 때문이다.

나는 아내의 건강을 위해서라도 해볼 것을 권했다. 그리고 아내도 운동을 하고 싶다는 생각이 있었다고 말했다. 그렇게 산부인과에서 일주일에 2번 진행하는 프로그램에 등록하고 참여했다.

임산부를 위한 산전 요가는 일반 요가와는 차이점이 있다. 일반 요가는 몸 전체를 사용하고 근력을 키워준다. 하지만 산전 요가는 출산을 할 때 사용하는 부분의 근육 위주로 근력을 키워준다.

요가 프로그램이 끝날 무렵 있었던 일이다. 아내는 요가를 다녀온 뒤로 아랫배의 통증을 호소했다. 처음 아프다는 말을 들었을 때는 아이가 잘못된 줄 알았다. 다행히 아내는 그것이 요가를 하며 무리한 것 같다고 말했다. 출산 이후에도 한동안 그 부위에 통증을 계속 호소했다.

출산을 위해 하는 운동은 절대 무리를 해서는 안 된다. 운동을 했을 때 아이에게 무리가 되는 경우도 있기 때문이다. 다행히 요가를 했을 때에는 아이에게 무리가 가지 않는 정도였다. 산책이 출산에 도움이 된다는 이야기를 들었다. 그래서 퇴근 후에 아내와 산책을 했다.

어느 날은 다른 날보다 조금 오래 산책을 했다. 집에 돌아와서 씻고 침대에 누웠는데 아내가 통증을 호소하는 것이다. 그때가 임신 8개월 즈음이었던 것 같다. 처음에는 정말 놀랐다. 출산 예정일이 한참이나 남았기 때문이다. 그런데 알고 보니 아이에게도 무리가 되어 '배 뭉침'이 생긴 것이었다. 배를 한참 어루만져줬다. 아내가 휴식을 취하자 얼마 뒤 다시 원래 상태로 돌아왔다.

배 뭉침은 임신한 아내의 배가 갑자기 딱딱하게 굳어지는 현상이다. 아마 아빠가 만져도 느낄 수 있을 것이다. 평소와 다르게 돌덩이가 된 듯 딱딱해진다. '배 뭉침'이 있을 때 아내의 배를 어루만지며 아이에게 이렇게 얘기해보자. 아마 아이도 이내 평안을 되찾고 배 뭉침도 곧 나아질 것이다.

"많이 힘들었구나? 아빠, 엄마가 우리 아가 힘들게 해서 미안해. 이제 아빠, 엄마랑 함께 쉬자."

요가나 산책 외에도 출산 전에 해야 꼭 해야 할 운동이 한 가지 있다. 바로 숨쉬기 운동, '호흡'이다. 여러 매체를 통해 많이 들어보았을 것이다. '라마즈 호흡법'에 대해 말이다. '라마즈 호흡법'은 '라마즈 분만'에 필요한 호흡을 하는 방법을 말하는 것이다.

출산 직전과 분만 중에는 극심한 통증이 온다. 호흡을 통해 2가지 상황에서 겪는 통증의 정도를 감소시키는 것이다. 그래서 출산 전 진통이 올 것을 대비하여 미리 익혀둬야 한다. 우리 부부도 처음 부모가 되는 것이다. 그래서 나름대로 만반의 준비를 했다. 출산 관련 서적을 보며 호흡법을 익혀야 한다는 것을 알게 되었다.

나는 글로 보는 것보다는 직접 보고 싶었다. 호흡법과 관련된 교육 프로그램이 산부인과에 있었다. 하지만 신청 기간을 놓치는 바람에 신청하지 못했다. 그래서 우리는 다른 방법을 찾았다. 바로 영상으로 보는 것이다. 평소 '유튜브'를 자주 보던 나는 금방 관련 영상을 찾을 수 있었다.

유튜브에 검색을 하면 수많은 영상이 쏟아져 나온다. 그중 가장 보기 편하고 잔잔한 음악으로 마음까지 편해지는 영상을 찾았다. 그리고 그날부터 우리는 숨쉬기 운동 '라마즈 호흡법'에 집중했다.

호흡법을 익히는 데에는 크게 어려움이 없었다. 숨을 크게 들이마시고 내쉬는 것을 반복하는 것뿐이었다. 나의 아내는 진통 전 '라마즈 호흡'으로 3초간 숨을 코로 들이마시고, 3초간 입으로 내쉬었다. 이렇게 1분에 12회 정도의 긴 호흡을 연습했다. 진통이 시작되면서는 1초 들이마시고 1초 내쉬는 짧은 심호흡을 했다. 이때는 복식보다는 가슴으로 호흡하는 흉식 호흡이 좋다고 한다.

우리 부부는 유튜브 영상을 참고하고 우리에게 맞는 방법을 찾게 된 것이다. 엄마 혼자 할 수 있지만 아빠도 함께할 수 있다. 부부가 함께 같은 호흡을 한다면 아내도 더 안정된다.

진통이 시작되면 호흡 주기가 빨라진다. 그렇기 때문에 호흡 패턴이 고통 속에서도 나올 수 있도록 평소에 연습을 해야 한다. 아내는 평소에 혼자 연습하기도 했다. 출산 예정일 2개월 전부터는 저녁마다 함께 연습했다. 실제로 아내가 진통할 때 함께 연습한 것을 이용해 호흡했다. 덕분에 아내는 극심한 고통 속에서도 산소호흡기 없이 호흡할 수 있었다. 출산할 때의 호흡은 아이가 무사히 탄생하는 데에도 큰 도움이 되었다.

운동으로 찾는 가족의 행복

우리 부부는 자연분만으로 출산하였다. 그래서 회복기가 3일이었다. 3일만 회복기를 가지면 일상 생활하는 데에 문제가 없다고 한다. 제왕절개를 하면 길게는 1주일 정도 입원을 해야 걸을 수 있다고 한다.

출산할 때에는 온몸의 뼈가 출산을 위해 벌어진다고 한다. 그 뼈들이 제자리로 돌아오기까지는 관절에 무리가 가지 않도록 주의해야 한다. 관절염이 올 수 있기 때문이다. 출산 후에는 스트레칭도 위험하다. 꼭 의사, 간호사에게 운동을 해도 되는지 문의하여 답을 얻고 하길 바란다.

보통 어른들은 출산 후에 뼈에 바람 든다고 말씀하신다. 뼈가 벌어져 있는데 바람을 쐬면 그 사이에 찬 기운이 들어가 몸에 좋지 않다는 의미이다. 우리 아이는 가을에 태어났다. 그래서 날씨가 춥지는 않았다. 출산 후 벌어져 있는 뼈들 사이로 겨울의 찬 공기가 들어가는 것을 걱정하지 않아도 됐다. 하지만 낮에는 햇살이 기온을 올려 에어컨을 틀어야 하는 날씨였다.

아내는 수면양말을 신고 이불을 두껍게 덮고 있었다. 뼈에 바람이 들까 걱정이 된 것이다. 하지만 병원 간호사님은 수면양말만 신고 이불은 얇게 덮어도 된다고 하셨다. 몸의 체온 유지를 하기 위한 것이니 적정 체온만 잘 유지해주면 된다는 것이었다.

이렇게 새로운 사실을 알게 되며 입원실에 있으면서도 호흡법은 빛이 났다. 출산 후에는 아이를 품고 있던 자궁이 제자리로 돌아가기 위해 수축을 한다. 이로 인해 산후통을 겪게 되는 것이다. 나의 아내는 통증이 올 때마다 눈을 감고 호흡을 했다. 호흡법 연습의 소중함을 다시 한 번 깨달았다.

앞에서 본 것과 같이 출산 전에 하는 운동과 호흡은 산전·후 엄청난 효과가 있다. 특히 우리 부부처럼 자연분만을 할 경우에는 빛을 제대로 발한다. 그 효과가 실로 엄청나다고 생각한다.

산전 운동으로 근력을 향상시키면 아이를 출산할 때 힘을 더 쉽게 줄 수 있다. 출산 당일에 알게 된 사실이다. 근력이 부족한 것에 비하면 조금 더 자궁을 압박할 수 있기 때문에 빨리 출산할 수 있다고 한다. 나도 출산 당일에 알게 된 사실이었다. 그 전에는 산모와 아이의 건강만을 위한 것이라고 생각했다. 산전 운동을 기피하는 산모에게 함께 운동할 것을 권하자. 아이를 더 쉽게 낳을 수 있다는 말과 함께.

호흡법은 산모가 빠르게 안정을 찾는 데에 도움을 준다. 심호흡을 하며 아이가 태어난 것을 상상한다면 진통 완화에 더 큰 효과가 있을 것이다. 눈을 감고 상상하며 천천히 호흡을 시작하는 것이다. 호흡하는 데에만 신경을 쓰면 통증은 이내 줄어들 것이다.

부부 요가는 심신의 안정에 도움이 된다. 오늘은 아내와 함께 운동을 해보자. 산전 운동은 엄마 혼자 하는 것이 아니다. 운동을 혼자 하면 금방 질려 쉽게 그만둘 수 있기 때문이다. 부모가 함께하며 뱃속의 아이에게도 말을 걸면 더욱 행복한 가정을 이룬다. 또 부모뿐만 아니라 아이의 건강까지 지킬 수 있게 될 것이다.

임신 중 부부가 함께할 수 있는 운동

첫 번째는 '산책'이다.

남편과 아내가 나란히 동네 한 바퀴를 걸어보는 것이다. 산책로가 있는 공원을 걸어도 좋고, 유원지에 나가 넓은 들판을 걸어도 좋다. 함께 걸으며 아이가 태어난 후의 일들을 이야기하며 걸으면 행복한 마음도 함께 갖게 될 것이다.

두 번째는 '부부 요가'이다.

보통 요가를 여성들만 한다고 생각하기 쉽다. 하지만 남성들도 요가를 하면 마음이 편해진다. 그리고 몸도 한결 가벼워진다. 부부가 요가학원에 다니는 사람도 많다. 그러나 퇴근이 늦었던 나는 집에서 할 수 있는 방법을 찾았다. 아내와 함께 임산부 요가 책 『소피아의 임산부 요가』를 보고 따라 했다. 부부 요가 덕분에 사랑까지 더 깊어지는 시간을 보내게 되었다.

세 번째는 숨쉬기 운동 '호흡'이다.

출산 직전과 출산 중, 산후통이 왔을 때 호흡법이 필요하다. 바로 '라마 즈 호흡법'이다. 출산 예정일이 1~2개월 정도 남았을 때부터 연습했다. 그 덕분에 급박하게 돌아가는 출산 과정에서도 연습한 대로 호흡을 했다. 진통을 완화하는 데에 큰 도움이 된 것이다. 이 방법 역시 부부가 함께 연습을 하면서 행복한 시간을 보낼 수 있다.

4

분만의 종류,
제대로 알고 고르자

/

행동의 가치는 그 행동을 끝까지 이루는 데 있다.
- 칭기즈칸

어떤 종류의 분만법을 선택할 것인가?

우리 부부는 아이를 갖기 전부터 출산에 대해 이야기했다.

"우리는 아이를 낳을 때 모 연예인 부부처럼 수중분만을 해보자."

"아니야. 수중분만은 세균 감염의 위험이 높다고 했어."

"그럼 어떻게 낳고 싶어?"

"난 자연분만으로 낳고 싶어! 제왕절개는 낳고 나서 아프다고 들었어."

아마 거의 대부분의 부부가 이런 대화를 나눌 것이다. 분만법은 다양하기 때문이다. 앞서 우리 부부의 대화 내용에서 나온 내용은 참고만 하도록 하자.

크게는 제왕절개와 자연분만으로 2가지이다. 세부적으로 나누면 자연분만에 자연주의 / 수중 / 라마즈 / 르봐이예 / 가정 / 그네 분만이 포함된다. 생각보다 많다고 생각하지 않는가? 나 역시도 분만법을 찾아보며 알게 되어 놀라웠다. 자연분만이 이렇게 나뉘는 것도 처음 알게 되었다. 그중에는 생소한 분만법도 있었기 때문에 더 고민되기도 했다.

여러분은 어떤 분만법으로 아이를 낳을지 생각해본 적이 있는가? 단순하게 '제왕절개냐 자연분만이냐'를 생각하면 된다. 우리 부부의 대화 내용을 보면 알겠지만 제왕절개, 수중분만, 자연분만밖에 알지 못했다. 수중분만이 자연분만에 포함된다는 것도 나중에 알게 되었다. 물론 제왕절개, 자연분만만 알아도 출산을 할 수 있다. 하지만 아내와 아이가 건강한 출산을 하기 바란다면 더 세심하게 알아보게 될 것이다.

나도 출산 관련 서적을 통해 분만법들을 접했다. 그리고 인터넷 검색을 통해 더 자세히 알 수 있었다. 강요하는 것은 아니다. 하지만 분만법을 알아야 그에 맞는 산부인과를 알아볼 수 있다. 그러니 조금만 관심을 기울여볼 것을 권한다.

아내는 임신 사실을 알게 되고 나서 완전히 생각을 굳혔다. 자연분만을 하기로 한 것이다. 장모님께도 조언을 얻기도 했고, 인터넷에 올라온 글들을 보고 나서 한 결정이었다. 아내는 확고했다. 무통천국을 맛보리라 다짐까지 했다.

건강이 허락하는 한 자연분만으로 출산하기로 결정을 하고 산부인과를 알아보았다. 자연주의 출산이라는 분만법을 전문으로 하는 병원을 찾았다. 자연주의 출산 전문 산부인과는 자연분만에 집중하기 때문에 더 안전할 것이라 생각했다.

우리 부부가 분만법을 선택할 때 고민했던 분만법에 대해 간단히 설명하면 다음과 같다. 자연분만은 제왕절개를 제외한 모든 비수술 분만법을 통칭하는 말이다. 자연분만과 자주 헷갈리는 자연주의 출산이라는 말은 자연분만에 속해 있는 분만법이다. 이 분만법은 무통주사, 촉진제, 내진과 같은 의학적 도움을 받지 않는다. 가장 온전하게 자연스러운 출산 과정을 거치는 출산 방법이다.

다음은 고통 없이 출산할 수 있다는 무통분만이다. 이 방법은 출산의 고통을 마취제를 투여하여 경감시킨 후 진행한다. 자궁 문이 4cm 이상 열렸을 때 진행 가능한 분만법이다. 마취가 풀리기 전에 출산을 하게 되면 일명 '무통천국'을 경험할 수 있게 된다. 물론 사람에 따라 다르다는 것을 명심하도록 하자.

제왕절개는 젖 먹던 힘을 짜내는 자연분만과는 다르다. 산모의 배를 절개하고 자궁을 절개 후 아이와 태반을 꺼낸 후 봉합하는 수술적 분만법인 것이다. 출산 후 회복 기간이 길게는 일주일까지 소요되는 단점이 있다. 이 기간에 산모들은 수술 부위 통증으로 엄청난 고통을 호소하기도 한다.

이 정도만 알고 있어도 일반적인 출산에는 도움이 될 것이다. 내가 산부인과를 다니며 직접 배운 내용이므로 의심하지 않아도 된다.

자연분만이냐 제왕절개냐 그것이 문제로다

아내는 출산 후 입원실로 이동하기 전에 분만실 침대에 잠시 있었다. 그동안 장모님이 인천에서 한달음에 내려오셨다. 아내가 잠시 회복하는 동안에는 보실 수가 없어 한참을 기다리셨다.

아내가 입원실로 이동할 때가 되어서야 처음 얼굴을 볼 수 있었다. 그때 아내가 북받쳤는지 울음을 터뜨렸다. 얼마나 보고 싶었던 얼굴이었을까. 다시 그때를 회상해도 코끝이 찡해온다. 그렇게 한참을 울고 나서야 입원실에 이동할 수 있었다.

입원실이 있는 건물 위층으로 이동을 했다. 아내와 나는 입원실에 있는 3일 동안 여러 산모를 마주쳤다. 그중에 가장 기억나는 건 제왕절개를 한 산모들이었다. 자연분만을 한 아내가 하루 이틀 지나면서 걷는 것이 자연스러워지는 반면에 제왕절개를 한 산모들은 침대에서 움직이는 것조차 힘들어하고 걷기까지도 꽤 오랜 시간이 걸렸다. 그 모습을 보고 내아내는 제왕절개를 하지 않아 다행이라는 생각이 들었다고 한다.

여러 이유에서 제왕절개를 하는 산모들은 엄청난 산후통을 겪는다고 한다. 아이를 낳기 위해 생살을 베어내는 것이다. 칼에 살짝만 베어도 아픈데 얼마나 아프겠는가? 경험하지 않으면 상상을 못할 정도의 고통일 것이다. 이 세상 엄마들은 정말 위대하다고 다시 한 번 생각하게 되었다.

지금 당신은 어떤 분만법을 생각하고 있는가? 산모와 아이의 건강에 문제가 없다면 나는 자연분만(무통분만)을 추천한다. 당신의 아내가 제왕절개 후에 고통스러워하는 것을 지켜보기 힘들 것이기 때문이다.

나는 분만법에 대한 사전지식을 아빠가 미리 알아보길 권한다. 여러 분만법의 장단점을 알고 있어야 한다. 그래야 아내와 아이의 건강 상태를 고려한 분만법을 신중히 결정할 수 있으니 말이다. 의사, 간호사 분들께 문의해도 된다. 정말 친절하고 자세히 알려주실 것이다. 혹시 전문용어로 인해 알아듣기 어려울 수도 있다. 그런 때에는 인스타그램 계정(@chobo.abba)으로 다이렉트 메시지를 보내면 도움을 주겠다.

무엇보다 아빠가 알아봐야 하는 이유는 따로 있다. 출산이 임박하고 진통이 시작되면 아내의 판단이 흐려진다. 미리 정한 분만법이 있다고 해도 고통이 빨리 끝나길 바라는 아내가 분만법을 바꾸려 할 수도 있기 때문이다. 아빠가 아무것도 모르고 있다면 급박하게 돌아가는 출산 과정에서 멘탈이 붕괴될 것이다. 아빠로서 자신감 있는 결정하기 바란다.

5

행복한 산후조리원
선택하는 법

/

행복한 삶의 비밀은 올바른 관계를 형성하고
그것에 올바른 가치를 매기는 것이다.
- 노먼 토머스

호텔 급 산후조리원을 만나다

우리 부부는 집에서 산후조리할 수 있는 상황이 되지 않았다. 그리고
첫 아이라 아내가 마음 놓고 산후조리를 할 수 있을 것 같지 않았다. 산
후도우미 서비스를 이용하는 것도 생각했다. 하지만 신생아가 있는 집에
외부인을 들이는 것이 불안했다.

그래서 우리는 산후조리원에 가기로 결정했다. 그즈음 회사 일에 치여
바쁜 나는 함께 알아봐주지 못했다. 그래서 아내가 검색을 통해 찾아 놓
은 산후조리원에 함께 갔다.

처음 산부인과를 알아볼 때 한 건물에 있는 산후조리원을 같이 알아보았다. 아내가 지냈던 산후조리원은 산부인과와 한 건물에 있었다. 층이 달랐지만 5분 이내에 산부인과에서 진료를 받을 수 있었다.

예약 당일 산후조리원을 미리 둘러볼 수 있었다. 개업한 지 얼마 되지 않은 병원 건물이라 청결했다. 아내도 마음에 들어 했다. 가장 마음에 들어 한 것은 호텔 같은 분위기였다.

문제는 가격이었다. 시설이 좋은 만큼 값을 했다. 다른 산후조리원에 비해 수십만 원 정도의 차이가 있었다. 그래도 첫 산후조리이니 돈을 아끼지 않고 쓰기로 했다. 내 아내와 아이를 위한 것이라는 생각하니 결코 비싸다는 생각이 들지 않았다. 바쁜 내가 해줄 수 있었던 것이 없어서 출산하는 날까지 미안했다. 그래서 첫아이를 출산한 아내에게 그나마 내가 해줄 수 있는 선물은 최고의 산후조리였다.

아내가 머무른 곳은 커다란 창으로 햇빛이 가득 들어오는 방이었다. 아내가 제일 신경 쓴 부분이다. 창이 없으면 감옥 같을 것 같다고 했다. 그 방은 햇빛이 들어와서인지 침대도 뽀송뽀송하고 청결한 상태였다. 호텔에 온 것 같다며 입을 다물지 못하고 기뻐하던 아내의 얼굴을 잊지 못한다.

아내가 머무르기로 한 방에서 나오면 아이가 있을 신생아실이 금방 보였다. 그리고 신생아실 아기 침대 머리맡에는 카메라가 설치되어 있었다. 스마트폰 어플리케이션을 설치하면 자정까지 어느 곳에서나 볼 수 있었다. 자정까지인 이유는 밤새 아이만 보는 부모들이 있어 그렇다고 했다.

모유 수유를 하기로 한 아내는 젖몸살을 대비해 유방 관리 선생님이 계신지도 체크했다. 직장인 아빠가 매일 옆에서 마사지를 해줄 수 없다. 그래서 요즘은 대부분의 산부인과에 관리해주시는 선생님이 계시다니 참고하도록 하자.

아이를 낳고 난 뒤 산부인과 입원실에서 산후조리원으로 옮겼다. 호텔 같은 아우라를 풍기는 방을 다시 만났다. 우리를 환영한다는 듯이 따뜻한 햇살을 품으며 환하게 반겨주었다.

곧이어 첫 식사 시간을 맞이했다. 식사를 위해 이모님들께서 방마다 식사를 배분했다. 이모님께서 음식이 놓인 쟁반을 들고 들어오셨다. 그 순간 황금빛이 뿜어져 나왔다. 황금색 식기가 쟁반 위에서 빛을 내고 있었던 것이다. 정말 사극영화나 드라마에서 보는 광경이었다. 임금님 수라상처럼 푸짐하고 고급스러웠다.

끼니마다 아내는 감탄을 금치 못했다. 고급스러운 자태에 스마트폰 카메라로 촬영을 하기도 했다. 끼니마다 식사와 함께 나오는 영양 간식도 좋아했다. '맛있게 먹으면 0칼로리'라는 말을 따라 아내는 0칼로리 식사를 즐겼다. 비싼 만큼 영양가 있는 식단으로 꾸며져 나왔다. 음식의 맛도 좋다고 했다. 입맛 없다는 이야기를 들어본 적이 없었다.

영양가 있는 음식으로 좋은 방에서 행복해하는 아내의 모습을 매일 보았다. 그 모습을 본 나도 산후조리원에서 집에 가는 길이 매일 행복했다. 아내의 행복은 곧 나의 행복이었다.

엄마와 아이가 행복한 산후조리원

아내가 마음에 들어 했던 점이 또 있다. 방마다 화장실이 있고 그 안에는 좌욕기가 있다는 것이었다. 좌욕기는 출산 후 산모들의 자궁에서 나오는 '오로'라는 분비물을 씻을 수 있도록 하는 '비데'와 비슷한 것이다. 입원실에서는 휴대용 좌욕기를 사용했다. 변기에 올려놓고 비데에 연결해 사용해야 하는 번거로움이 있었다. 기존 변기에 올려놓고 사용하기 때문에 위생적인 부분도 걱정이 됐다. 하지만 산후조리원에는 일반 변기와 분리되어 있었다. 그리고 휴대용이 아니라 번거로운 것도 없었다.

오로가 나오는 것을 대비해 성인용 기저귀를 사용하게 했다. 그래서 더 찝찝했을 것이다. 하지만 좌욕기가 방마다 설치된 덕분에 항상 청결을 유지할 수 있었다. 아내는 입원실에 있을 때보다도 덜 찝찝하다고 했다. 수시로 씻어낼 수 있으니 기분도 좋다고 했다.

산후조리원에서는 엄마만 좋은 것은 아니다. 신생아들도 그곳에 있는 동안은 최고의 서비스를 받는다. 시간에 맞게 모유나 분유도 수유하게 해준다. 기저귀도 수시로 확인해준다. 우리가 선택한 산후조리원에서는 5명의 아이를 간호사님 한 분이 케어해주는 5:1 케어 방식이었다. 한 분의 간호사님이 너무 많은 아이를 케어하면 분명 세심하게 못 돌볼 것이다. 아내는 이 점도 놓치지 않고 체크했다.

아내는 산후조리원에 있는 동안 젖몸살이 나면 수유 시간만 기다렸다. 가슴에 젖이 차면 단단해지는 젖몸살이 되어 아프기 때문이었다. 가슴이 뭉치려고 하다가도 아이에게 수유를 하면 금방 가슴이 풀리기 때문이었다. 하지만 모유가 금방 차오르는 때도 있었다. 그때는 모유를 유축기로 유축을 해도 나아지지 않기도 했다. 그때에는 가슴을 아파했다.

수유방도 따로 있어 아이가 엄마의 젖을 필요로 할 때 들어가서 수유할 수 있었다. 그곳에서 젖몸살 난 가슴을 풀어주는 유방 관리 선생님의 마사지도 받을 수 있었다. 마사지를 받고 오면 찡그렸던 아내의 얼굴도 활짝 피어오곤 했다.

마지막으로 아내가 확인했던 것이 있다. 조리원에서 생활하면서 받을 수 있는 산후 마사지와 교육 프로그램이었다. 특히 산후 마사지와 아이를 위한 모빌 만들기 프로그램은 꼭 참여하고 싶다고 했다.

산후 마사지를 신청했다. 산후 마사지도 횟수에 따라 금액이 달랐다. 아내는 걱정을 했다. 하지만 나는 최대한 받을 수 있는 만큼 다 받으라고 했다. 마사지를 받은 아내는 정말 좋다고 몸이 녹는다는 표현까지 했다. 그 말을 들었을 때 나는 얼마나 보람되었는지 모르겠다.

모빌 만들기는 흑백 모빌과 컬러 모빌로 나뉘어 있다고 했다. 아내는 두 개의 모빌 만들기 프로그램 모두 참여하려 했다. 하지만 산후조리원에서 지내는 기간 동안 명절이 있었다. 명절에 컬러 모빌 프로그램이 배정되어 연기됐다고 했다. 연기된 날은 우리가 퇴소한 이후였다. 그래서 프로그램에 아내가 직접 참여하지 못했다. 아내가 얼마나 아쉬워했는지 조리원에서는 퇴소하던 날 컬러 모빌을 만들어서 선물해주기까지 했다.

그 외의 공용시설로 여러 종류의 마사지 기구들이 있었고, 근력 운동을 할 수 있는 기구도 있었다. 아내는 2주 동안 산후조리원 호텔에서 평안하고 행복함을 느끼고 퇴소했다.

첫아이를 낳은 아내에게 의미 있는 나의 선물은 꽤나 성공적이었다는 생각이 든다. 아내가 산후조리원에 머무는 내내 행복해하니 나 또한 행복했다. 아내는 산후조리원 퇴소를 앞두고 돈만 있으면 일주일 더 있고 싶다고 말할 정도였다.

산후조리원 선택은 필수가 된 세상이다. 물론 여전히 집에서 산후조리를 하는 산모들도 있다. 몇 번의 출산을 겪은 산모들이 대부분일 것이다. 상황이 된다면 집에서 하는 것도 나쁘지는 않다는 생각이다. 하지만 산후조리원에서 조리를 해야 마음이 더 편할 것이다. 그리고 신생아 케어 방법을 전문가분들께 배울 수 있다. 산후 프로그램에 참여하기도 쉽다. 몸이 좋지 않은 경우 산부인과 진료를 보기 편하다. 전문가들이 짠 식단대로 음식을 먹을 수 있다. 전문가들이 내 아이를 케어해준다. 무엇보다 부모님의 고생을 덜 수 있다는 것이 가장 큰 장점이다.

산후조리원 선택

첫 번째, 직접 방문해서 확인해야 한다.

여행을 가기 전 호텔 사진만 보고 예약을 하게 된다. 막상 가보면 실망할 때가 있다. 산후조리원도 마찬가지로 웹 사이트가 있다. 조리원의 사진도 확인이 가능하다. 하지만 직접 그곳에 가서 보는 것과 다를 수 있다. 그래서 나는 직접 방문해서 시설과 주변 환경을 확인하라고 권하고 싶다.

두 번째, 계약서를 꼼꼼하게 확인하라는 것이다.

내 경험으로 볼 때 산후조리원은 출산 예정일이 한참 남은 상태에서 예약한다. 조금 더 나은 환경의 방을 예약하기 위해서이다. 하지만 부득이하게 예약을 취소하게 되는 경우가 있을 수 있다. 환불 규정과 받을 수 있는 혜택, 가격 변동에 대비하여 계약서를 꼼꼼히 체크할 것을 권한다.

세 번째, 주변 환경과 시설이다.

나의 아내는 햇빛이 잘 들어오는 방을 원했다. 빛이 잘 들어오지 않는 방은 우울하게 만들 수 있을 것이다. 산후조리원 주변에 높은 건물이 있어 빛을 가리지 않는지와 같은 주변 환경도 확인해보아야 한다. 그리고 실제로 산후조리원에 있으면서 조리원 내에 있는 시설이 청결한지 필수로 확인해야 한다. 신생아와 산후조리를 해야 하는 산모가 있어야 하는 공간이다. 그만큼 위생이 확보되어 있는 곳이어야 안심이 될 것이다.

네 번째, 신생아 케어 전문가가 있는 곳인지 확인해야 한다.
산후조리원을 이용하는 이유에는 전문가의 손길로 인한 것도 있을 것이다. 전문 지식이 없는 상태에서 아이를 잘 돌볼 수 있을까? 전문가가 없는 곳은 아이를 케어하시는 분의 경험에서 나오는 방법으로 하게 된다고 한다. 좀 더 체계가 잡힌 곳에 아이를 맡겨야 불안함이 없을 것이다.

다섯 째, 전문 영양사가 산모들의 식사를 책임지는지 확인해야 한다.
산후조리원을 이용하는 또 다른 이유이다. 산후조리를 할 때에는 건강한 식사를 해야 한다. 산모의 부족한 영양소를 고루 섭취할 수 있도록 해야 한다는 것이다. 전문 영양사가 상주해 있는 곳인지 확인하여 더 건강한 산후조리를 하도록 하자.

6

육아용품은 똑똑하게 구매하자

/

엉뚱한 질문을 귀찮아하지 마라.
- 토머스 에디슨

육아용품 선택 장애

아이가 태어나면 고민이 많아진다. 그중에서도 필요한 육아용품을 고르는 것이 제일 고민됐다. 물론 내가 전부 다 알아보기는 힘들었다. 그래서 아내와 함께 여러 방법을 통해 찾았다. 아내는 인터넷에 검색하고 나는 지인들에게 정보를 얻었다.

우리 부부는 집 근처 서점에 가서 육아 관련 서적을 구매했다. 요즘은 책에도 육아용품을 많이 소개한다. 책에 나온 리스트 중에 우리가 당장 필요한 것을 먼저 추려내었다. 금전적 여유가 있었으면 리스트에 있는 것 다 샀을 것이다. 지금 생각하면 다 사지 않은 것이 다행이라고 생각하지만 말이다. 모든 육아용품이 전부 필요하지는 않았기 때문이다.

가장 우선적으로 알아본 것은 산후조리원에서 퇴소해서 집에 오면 바로 사용해야 하는 용품이었다. 아기 침대는 원목으로 된 것을 미리 구매했다. 아이가 사용할 이불과 베게는 이불가게를 운영하는 친구가 출산을 축하하며 선물해주었다. 나는 아내가 산후조리원에서 퇴소하기 전 침대를 조립하고 이불도 세탁해서 준비해두었다.

목욕할 때 사용할 욕조 2개와 목욕용품, 로션도 아내가 주문해서 집으로 배송이 왔다. 아이가 목욕 후에 사용할 수건을 구매했다. 출산 전 아내가 친환경 페인트로 색을 칠한 서랍장이 있었다. 그 서랍장에 선물 받고, 아내가 뜨개질해서 만든 아이의 옷을 차곡차곡 정리했다. 부드러운 재질의 가제 손수건도 함께 정리했다.

산후조리원에서도 계속 사야 하는 것이 생겼다. 모유 수유와 젖몸살을 대비해 유축기를 구매했다. 분유도 함께 먹였기 때문에 분유, 젖병, 젖병소독기, 분유포트도 구매했다. 아이 옷을 세탁하기 위해 세탁기, 세탁세제, 섬유유연제를 구매했다. 젖병을 세척하기 위한 세제와 젖병 솔도 구매했다.

참고로 우리는 배냇저고리 1개와 겉싸개 1개, 속싸개 1개, 분유, 젖병 2개는 산후조리원에서 퇴소할 때 받아서 왔다. 일부는 구매한 것이다. 산후조리원마다 퇴소할 때 용품을 주는 곳도 있으니 꼭 확인하자.

모든 용품을 일일이 설명하며 나열하기에는 내용이 너무 많다. 하지만 우리는 거의 필수적인 것들만 구매했다는 것을 참고하면 되겠다.

함께 고민한 끝에 구매한 육아용품은 너무나 많았다. 그래도 아이를 키우다 보니 부족한 것들이 있었다. 무엇을 더 사야 하는지 다시 고민하게 되었다. 우리는 다시 고민할 때쯤 집에 사람이 올 수 있을 때가 되었다. 출산을 축하해주기 위해 집에 손님들이 찾아왔다. 집에 오는 손님들이 필요한 것 없냐고 묻기도 했다. 우리는 그때마다 필요한 것을 이야기했다. 물론 선물로 받을 수 있을 만한 것들만 얘기했다. 처음에는 말해도 될지 망설인 건 사실이다. 하지만 선물을 해주는 사람 입장에서는 뭘 사줘야 하는지에 대한 고민을 덜 수 있다. 그리고 아이를 출산한 우리 부부는 필요한 것을 선물로 받을 수 있다.

우리가 나중에 선물을 주는 입장이 되면 필요한 것을 사주면 된다. 이 방법이 효율적이라고 생각한다. 그렇다고 고액을 들여야 하는 것을 말한 것은 아니었다. 물론 출산 경험이 있는 사람들은 필요한 것을 알기 때문에 정말 필요한 것을 선물해 주기도 한다. 우리는 경험 있는 지인들에게는 아이가 입을 옷이나 아이와 함께할 인형, 장난감을 선물 받기도 했다.

가성비가 좋은 육아용품을 찾아라

앞에서도 말했지만 우리의 경우에는 금전적인 여유가 크지 않았다. 그래서 육아용품을 구매할 때 더욱 신중했다. 최대한 저렴하고 만족스러운 용품을 구매해야 했다. 그래서 아내는 중고거래도 서슴지 않았다.

중고거래를 통해 꼭 필요한 용품을 구매한다. 사용을 다하면 다시 되팔 수 있다. 단, 깨끗이 사용해야 한다. 다음 사람에 대한 매너이기도 하다. 그리고 깨끗하면 구매했던 가격으로도 되팔 수 있다.

아이의 로션, 기저귀, 분유의 경우는 아이에게 맞지 않으면 바꿔야 한다. 그렇기 때문에 각각의 제품을 생산하는 업체에서 샘플을 먼저 받아볼 것을 추천한다. 물론 판매처에서도 이벤트를 진행하기도 한다.

아내가 사용한 방법이다. '맘카페'에 가입해서 각종 이벤트 및 샘플 배송 정보를 얻을 수 있다. 이벤트에 참여해서 당첨되면 샘플도 받을 수 있다. 특히 바디워시, 로션, 기저귀, 분유는 필수로 해야 한다. 아이에게 어떤 것이 맞는지 모르기 때문이다.

우리 아이는 처음에 산양유로 만든 산양분유를 먹었다. 그러다 배앓이도 하고 분유를 거부하기 시작하여 다른 분유로 바꾼 경험이 있다.

기저귀는 여러 회사의 샘플을 받았다. 가격이 저렴한 것부터 비싼 것까지 1개씩 받은 것이다. 보통 1개씩 포장되어 배송된다. 그렇게 받은 샘플을 하나씩 아이에게 착용시킨다. 그리고 아이가 착용한 후에 확인한다. 엉덩이나 생식기, 사타구니에 발진이 일어나는지 말이다.

바디워시와 로션도 마찬가지이다. 아이를 직접 씻겨보고 바르고 난 뒤 아이 피부에 자극이 되면 발진이 일어난다. 아이에게 맞는 제품을 찾기 위해서 어쩔 수 없이 거쳐야 하는 과정이다. 다행히도 우리 아이는 발진이 생기지 않았다. 금방 아이에게 맞는 제품을 찾을 수 있었다. 무조건 싼 것만 고집하지 말고 아이의 상태를 잘 관찰하며 아이에게 맞는 제품을 찾는 것이 중요하다.

아내는 처음으로 엄마가 되었다. 젊은 나이에 엄마라는 직책을 지혜롭게 해내고 있다는 생각을 한다. 내가 아빠로서 많이 도와주지도 못하는데 혼자 척척해내는 아내가 항상 고맙다는 생각이 든다. 물론 엄마라면 당연하다고 생각할 수 있는 일이다. 하지만 이런 살신성인의 엄마 덕분에 우리의 아이는 더 건강하게 자라고 있다. 아빠도 함께한다면 엄마의 수고를 조금이나마 덜 수 있다. 육아용품 찾는 것을 함께한다면 서로 대화를 하게 된다. 아이와 관련된 이야기임에도 불구하고 연애 감정이 살아나기도 한다.

아내가 검색의 여왕인 것이 참 다행이었다. 그렇지 않았다면 그 많은 리스트 중에 어떤 것을 살지 한참 고민했을 것이다. 아니면 모조리 다 샀을 것이다. 그만큼 시간 낭비 돈 낭비를 할 뻔했다. 지혜로운 검색의 여왕 덕분에 큰 고민을 덜 수 있어 감사했다.

처음 육아용품을 준비할 때는 어떤 것들을 준비해야 할지 감이 잡히지 않는다. 그렇다면 일단 책이나 인터넷 카페를 통해 리스트를 구해보자. 그리고 먼저 샘플들을 신청하자. 그 후에 꼭 필요한 것, 나중에 구매해도 되는 것과 같이 사용 시기별로 구분해보자. 그렇게 하면 지금 당장 사야할 것들이 무엇인지 알 수 있게 된다. 최종 구매는 샘플을 받지 않고도 살 수 있는 것들을 먼저 하면 된다. 그 중에서 제일 우선적으로 구매해야 할 것은 젖병 세정제, 세탁 세제임을 기억하자.

육아용품을 구매하기 전에는 꼭 리스트를 해두어야 한다. 우리가 쇼핑할 때도 리스트를 만들지 않으면 사지 않아도 되는 것까지 사게 되는 경험을 해본 적이 있을 것이다. 육아용품도 쇼핑이다. 리스트를 만들어보자. 꼭 필요한 것들 위주로 하는 게 좋다. 그래야 집에서 아이들이 놀 수 있는 여유 공간도 더 확보될 수 있을 것이다. 아이의 물건은 생각보다 많기 때문이다. 이미 리스트를 작성했더라도 꼼꼼하게 다시 한 번 고민하길 바란다. 현명한 소비로 내 아이에게 다른 부분에서 더 신경써줄 시간과 비용을 확보하도록 하자.

육아용품 구매 관련 사이트 추천

– 육아대장 : 6aboss.7x7.kr/

대한민국 대표라고 해도 과언이 아닐 정도로 유명한 창고형 출산, 육아용품점이다. 서울, 경기도에 매장이 위치해 있다.

– 레이퀸 베이비 키즈 빌리지 : rayqueenkidsvillage.modoo.at/

충남 아산에 위치한 유아용품 전문 아울렛 매장이다.

– 트위스트베이비(코자니) : www.cozany.com/

일산에 위치한 트위스트베이비 창고형 매장이다. 온라인 구매도 가능하도록 사이트가 구성되어 있어 편리하다.

7

성장 발달에 따른
장난감 고르는 법

/

인간은 누구나 태어날 때부터 좋은 씨앗을 마음속에 갖고 있죠.
그것을 키워 나가기만 하면 됩니다.
- 임마누엘 칸트

성장 발달을 고려한 장난감 선택하기

우리 아이에게 장난감이 꼭 필요할까? 장난감이 필요한 이유는 아기의 성장 발달에 있다. 장난감은 아기들의 신체 발달, 감정 발달에 큰 영향을 미친다. 장난감을 가지고 놀며 근육도 발달시킬 수 있다. 그리고 공 던지기, 북 치기를 하며 감정 표현도 발달시킬 수 있다.

아이에게 장난감을 사줄 때에는 성장 발달을 고려해서 하는 편이 좋다. 아이가 성장하면서 연령별 가지고 노는 장난감이 구분되어 있기 때문이다.

신생아 시기에는 초점 책과 모빌을 가지고 놀 수 있다. 초점 책은 아이의 시력 발달과 집중력에 도움을 준다.

태어난 지 4주 미만의 아기에게는 20cm 미만의 거리에서 보여주어야 한다. 시력이 약 0.05 정도밖에 되지 않기 때문이다.

생후 4주 이후에는 2~30cm 정도의 거리에서 보여준다. 각도는 60도 정도가 적당하다. 이때 초점 책을 움직여가며 보여주면서 아이의 눈이 따라오는지 보아야 한다. 아직 초점이 정확히 맞지 않기 때문에 따라오는 속도는 조금 느릴 수 있다.

생후 1~3개월의 신생아는 흑백만을 구분할 수 있다. 그래서 흑백 초점 책을 아기가 누워 있을 때 볼 수 있도록 놓아야 한다. 흑백 모빌을 사용하는 것도 좋은 방법이다. 이 시기의 아기들은 초점이 조금씩 맞춰지는 단계이다. 또한 점점 눈을 뜰 수 있는 시간도 길어진다. 때문에 움직이는 모빌이 아이의 시력 발달에 더 효과적일 수 있다. 이때 거리는 30cm 정도가 적당하며 90도 각도로 보여줘도 무방하다.

생후 3개월부터 색을 구분하기 시작한다. 그리고 물체에 대한 원근감도 함께 발달한다. 물체가 가까이 오면 깜짝 놀라 눈을 깜박이는 모습도 볼 수 있을 것이다. 이때부터는 흑백 초점 책과 흑백 모빌보다는 색이 있는 컬러 초점 책과 컬러 모빌로 바꿔주면 발달에 좋다.

초점 책과 모빌은 두 눈이 서로 다른 방향을 향하는 사시 예방에도 도움이 된다. 하지만 초점 책이나 모빌의 거리가 가까워도 문제가 된다. 성인들도 코앞의 물체를 보려고 하면 눈이 몰리게 된다. 이것이 반복이 되면 사시가 될 수 있는 것이다. 아기의 시력 발달과 집중력을 위한다면 생후 3개월까지는 초점 책, 모빌로 함께 놀아주면 된다.

보통의 산모들은 산후조리원에서 퇴소 전에 초점 책과 모빌을 직접 만들 수 있다. 그리고 장난감 세트를 사면 함께 들어 있기도 하다. 그리고 아기용품을 사면 사은품으로 주는 경우도 있으니 기억하도록 하자.

아기의 장난감을 선택할 때에는 아기가 직접 체험할 수 있는 것이 좋다. 아기가 발달을 하기 위해서는 보는 것만 해서는 안 된다는 말이다. 직접 만져보고 느껴보는 것이 오감 발달에 좋다. 또한 공을 가지고 노는 것처럼 손으로 잡기도 하고 발로 차기도 하는 것도 좋다. 그러면서 아이는 그 장난감에 대해 호기심을 가지게 된다. 새로운 행동을 했을 때 그 행동 다음의 일은 어떻게 될지 상상을 하며 상상력을 키우게 된다.

나는 아이가 공부를 잘하는 것보다 호기심 많은 성격이었으면 했다. 내가 그렇게 자랐기 때문일 수도 있다. 하지만 호기심이 많다는 것은 굉장히 좋다고 생각한다. 어떤 사물을 볼 때 자세히 볼 수 있는 관찰력이 생긴다. 관찰력이 생기면 분석하는 과정을 즐겁다고 생각할 수 있다. 그 과정을 즐기다 보면 어느새 답을 찾게 된다. 답을 찾으면 그에 따른 성취감을 맛볼 수 있다. 성취감을 맛보기 위해 새로운 것에 계속 도전할 수 있는 용기를 얻게 된다. 이처럼 호기심은 긍정적인 결과를 낳을 수 있다고 생각한다. 그래서 나는 아이에게 체험할 수 있는 장난감을 사주려고 노력한다.

아이의 호기심을 자극하는 놀이가 필요하다

어린 시절의 나는 호기심이 가득한 삶을 살며 많은 것을 배웠다. 초등학생 때의 일이다. 내가 다니던 학교에는 몸집이 큰 개미들이 많았다. 개미들이 땅속에 지은 집이 궁금했다. 친구와 함께 땅을 파보기도 했지만 땅을 팔 때 개미집은 산산조각이 났다.

궁금증을 풀기 위해 개미에 대한 책을 보게 되었다. 그 책에는 개미를 키우는 방법도 나와 있었다. 나와 내 친구는 동네를 돌아다니며 쓰레기통을 뒤졌다. 개미를 키울 만한 커다란 유리병을 찾기 위해서였다. 직접 개미를 키워보기로 한 것이다.

유리병에 흙을 담고 학교에서 개미를 10마리 정도 잡아왔다. 유리병을 검은 도화지로 감싸서 어둡게 만들어주었다. 개미가 빠져나오지 못할 정도의 크기로 숨구멍도 만들어주었다. 다른 곤충을 잡아 먹이로 넣어주기도 했다. 결과는 실패였다. 개미집을 만들기는커녕 개미들이 다 죽어버린 것이다. 실망은 했지만 나와 친구는 개미의 종류를 생각하지 않아서 벌어진 참사라는 것을 알게 되었다. 같은 종류의 개미들이어야 무리를 지어 집을 짓고 산다는 것이다. 그 어린 나이에 깨달은 것이 한 가지 더 있다. 자연은 자연 그대로 둬야 그 신비로움을 간직할 수 있는 것이다. 내가 직접 체험을 했기 때문에 깨닫게 된 것이다.

나는 장난감 중에 내가 원하는 것을 만들 수 있는 조립식 블록을 좋아했다. 내가 상상한 것들을 만들 수 있었기 때문이었다. 조립식 블록 장난감 상자 안에는 조립 순서도가 함께 들어 있었다. 하지만 나는 상상한 것들을 만들었다. 물론 개미 키우는 것과 마찬가지로 시행착오를 격기도 했다. 분해하고 다시 조립하는 것만으로 금방 해결됐다. 하지만 나는 직접 만들면서 시행착오를 겪어 본 것이 크나큰 자산이라고 생각한다. 상상의 나래를 펼치며 생각할 수 있었기 때문이다.

나는 궁금한 것은 꼭 내 손으로 해보며 궁금증을 해결했다. 전부 해결한 것은 아니었지만 깨닫게 된 것은 항상 있었다. 그중에 한 가지가 내 아이가 태어나면 호기심 많은 아이였으면 좋겠다는 것이었다. 아이가 장난감을 가지고 노는 것을 보면 이미 이루어진 것 같다. 아직은 어리기 때문에 정확하진 않다. 하지만 나는 내 아이를 계속 호기심 많은 아이로 키울 생각이다.

고대 그리스의 철학자 아리스토텔레스는 호기심이야말로 인간을 인간이게 하는 특성이라고 말했다. 상대성이론을 발표한 독일 태생의 미국 이론물리학자 앨버트 아인슈타인은 자신에 대해 천재가 아니고 호기심이 많을 뿐이라고 말했다. 에디슨, 라이트형제 같은 과학자들도 마찬가지이다. 이들처럼 호기심이 세상을 바꾸는 계기를 만들기도 한다.

내가 선택하는 장난감은 바로 호기심을 키워주는 장난감이다. 아이가 조금 더 크면 다양한 상상을 할 수 있는 블록 장난감을 꼭 사줄 생각이다. 나도 어릴 때 블록 장난감으로 내가 상상한 것을 만들기도 했다. 무엇인가를 만들기 전에 어떻게 하면 그것을 만들 수 있을지 시행착오도 경험을 했지만 결국 혼자서 해냈다. 그리고 성취감을 맛보며 깨닫게 된 것도 있었다. 학교 교육과는 또 다른 교육인 것이다.

이처럼 아이가 직접 체험할 수 있는 장난감을 선택하는 것만으로도 아이의 미래를 바꿀 수도 있다. 아이에게 장난감을 선물할 때 더 고민해야 하는 이유이기도 하다.

내가 말한 호기심을 키워주는 것이 답은 아닐 수 있다. 하지만 분명한 것은 아이가 체험하는 장난감은 호기심을 키워줄 수 있다는 것이다. 그리고 그 호기심은 긍정적인 효과를 가져다준다는 것이다.

8

초보 아빠, 엄마의 우울증 예방법

/

우리는 오로지 사랑을 함으로써 사랑을 배울 수 있다.
- 아이리스 머독

엄마의 우울증을 이해하게 되었다

출산 이후 어느 날 아이가 일찍 잠들어서인지 이른 새벽에 잠에서 깨어났다. 아이가 부르는 아빠, 엄마를 찾는 소리를 아내가 먼저 듣고 깨어났다. 나는 출근을 해야 했다. 그래서 아내는 나에게 더 자라고 말했다. 그래서 나는 다시 잠들었다. 얼마나 잠에 빠졌을까 아이의 소리는 여전했다. 그 소리를 듣고 방으로 갔더니 아이는 여전히 깨어나 있었다. 다시 잠에 들지 않았던 것이다. 아내는 아이를 재우기 위해 고군분투했지만 잠을 잘 생각이 없어 보인다고 했다.

아이를 낳고 건강에 이상이 생긴 아내는 굉장히 지쳐 있었다. 그런데 나는 잠들어 있었던 것이다. 얼마나 서운하고 화가 났겠는가. 몸이 좋지 않은 자신은 아이와 씨름 중인데 남편은 자고 있었으니 말이다. 출근 때문이었지만 얄미웠을 것이다.

아내는 출근한다는 나의 말에 한숨을 내쉬었다. 그리고 나에게 퉁명스럽게 다녀오라고 말했다. 그 한숨과 말투에서 모든 힘듦과 서운함을 느낄 수 있었다. 나 또한 아내가 일을 나간 주말에 독박 육아를 하면서 그 감정을 느낄 수 있었다. 내 몸도 지치고 힘든데 아이가 쉽게 잠들지 않아서 고생한 적이 있다. 그래서 그날의 아내를 이해할 수 있었다.

처음에는 우리도 서로 피곤하고 예민해져 서로 짜증을 내기도 했다. 하지만 서로의 입장을 알게 된 후에는 싸우는 횟수가 현저히 줄어들었다. 요즘도 가끔 같은 경우가 있지만 그래도 무난하게 지나간다. 아이도 전보다 일찍 잠에서 깨는 것도 있었다. 그에 맞게 내가 조금 일찍 일어나 아이를 다시 재우는 것이다. 그러면 아내는 아이가 다시 일어나는 시간까지 더 잘 수 있었다.

엄마들의 출산 전후 우울증의 이유는 부부의 관계 외에도 여러 가지가 있다. 임신 후 신체의 변화와 늘어나는 체중이 있다. 모델 뺨치는 몸매를 가졌어도 임신을 하면 체중이 늘어나게 된다. 그리고 아이를 맞이하기 위한 신체의 변화가 찾아오게 된다.

수면 상태도 원인 중 하나다. 임신을 하면 아무래도 숙면을 취하기 어렵다. 수면 자세가 바뀌거나 배가 눌리지는 않을까 신경을 쓰며 잠들기 때문이다.

무기력감을 느낄 수 있을 것이다. 임신 후 집에서만 생활하는 경우라면 더욱 그러할 것이다. 일을 하다가 그만둔 경우라면 아마 그 몇 배의 우울함을 느끼게 될 것이다. 자신이 할 수 있는 것이 집안일밖에 없다는 생각에서 오는 것이다.

하고 싶은 것이나 먹고 싶은 것을 마음대로 못하는 것도 영향을 끼칠 것이다. 무엇인가를 참아내기 위해 받는 스트레스가 있기 때문이다. 그리고 유산의 경험이 있거나 조산의 위험 등 부정적인 경험으로 인한 것도 있을 수 있다.

나와 아내는 그 당시에 우울증인지 긴가민가하며 지나간 일이 있었다. 그런데 다시 회상해보니 우울증의 증상이었다. 아내는 옷의 사이즈가 점점 커져갈 때마다 걱정을 했다. 그리고 배가 점점 불러오면서 튼살에 대한 스트레스가 심했다. 가끔은 신경이 예민해져 그 전에는 대수롭지 않게 넘겼던 일에 대해 짜증을 냈다.

그때는 우울증을 의심했지만 확실하게 알지 못했다. 잦은 야근으로 집에 항상 늦게 들어가 잘 준비를 마친 아내가 나를 맞이했다. 나도 피곤해서 거의 바로 잤던 기억이 있다. 삶에 찌들어서 챙겨야 할 때에 챙기지 못했던 것이다. 아내에게 그런 부분까지 못 챙겨준 것이 미안하다. 혼자서 힘들었을 아내를 생각하니 가슴이 먹먹해진다.

출산 후의 아내는 여전히 힘들다. 건강도 안 좋아진 것이다. 아이와 함께 하루 종일 지내며 거의 독박 육아까지 한다. 남편을 위해 운동하는 것도 포기하고 참아내고 있다. 내가 가끔 우리가 부자 되고 나서 하고 싶은 것 다하라고 말한다. 그리고 그때는 내가 육아하겠다는 말에 위안을 삼는 것 같다. 요즘은 나에게 언제 부자 될 수 있는 거냐고 장난스레 묻기도 한다.

아빠도 모르는 사이 찾아온 우울증

엄마와 같이 아빠도 산전/후 우울증을 겪는다. 나는 내가 우울증 증상을 보였는지 몰랐다. 이 역시 지금 돌이켜보니 '나도 그랬었구나.'라는 생각이 든다.

임신 기간 동안 아내가 힘들어할 때마다 나는 스스로 강해져야 한다고 마음을 다잡았다. 그런데 회식이 있던 어느 날은 나도 예민해져서 아내가 힘들어서 하는 말인 줄 알면서도 되받아쳐버렸다. 그때는 아내가 이해해준 덕분에 다툼 없이 무사히 넘어갈 수 있었다.

"왜 이렇게 늦게 들어와?"

"회식이 늦게 끝났어."

"중간에 나올 수 있었을 것 아냐."

"회사 그만둘까? 매일 이러는 것도 아니잖아. 직장 생활은 계속해야 하잖아!"

"얼른 씻고 자."

가뜩이나 회식도 가기 싫었는데 어쩔 수 없이 갔던 것이다. 그런데 집에 들어가니 짜증 섞인 목소리가 날 맞이한 것이다. 그때는 화를 내지 말아야지 하면서 화를 내고 있었다. 아내가 힘들어서 투정부리는 것을 알면서 화가 났다. 술을 많이 마신 것도 아니었는데 감정 컨트롤을 못한 것이다.

사실 대부분의 아빠들은 아이가 생기면서 더 큰 책임감의 무게를 감당해야 할 것이다. 당연하다고 생각하지만 책임감이 어깨를 짓누를 때가 있다. 나 또한 건강 상태가 좋지 않아 회사에서도 스트레스를 받고 있었다. 이러한 나의 행동과 스트레스도 우울증 증상이라는 것을 책을 쓰며 알게 되었다. 내가 우울증 증상들을 부정하며 살아서 우울증인지 몰랐던 것이다.

간혹 부모가 되면서 평소에 싸우지 않던 부부도 싸우게 된다. 그리고 어떤 부부들은 우리 부부와 같이 모르게 산전/후 우울증을 겪기도 한다. 이런 경우는 부부가 함께하는 시간이 적다. 또는 함께할 수 있는 취미가 없는 경우가 많다. 그것도 아니라면 꿈이 없는 경우가 아닐까 생각한다.

그렇다면 부모의 우울증 극복 방법은 무엇일까? 아내의 산전/후 우울증의 이유는 임신으로 찾아온 심신의 변화가 크다. 그 변화에 대해 대비하는 것이 최고의 우울증 극복 방법인 것 같다. 아마 부모의 우울증은 아기가 생기면서 오는 책임감도 한몫하는 것 같다. 심리적으로 불안함을 느끼게 되는 것이다. 임신 기간이나 출산 후에 우리 부부가 행복했던 기억을 더듬어 우울증 증상을 완화했던 방법들을 소개해본다.

첫 번째는 부부가 함께하는 시간을 늘리는 것이다.

아내와 함께 우리가 사는 아파트 단지 내의 산책로를 걸을 때는 마음이 편안해졌다. 손을 잡고 걸으며 아이와 함께하는 미래를 말하니 부정적인 감정도 생기지 않았다. 주말에는 집 근처 분위기 좋은 카페에 가서 시간을 보내기도 했다.

두 번째는 아빠인 내가 일찍 퇴근해서 귀가하는 것이다.

잘 준비를 다하고 침대에 누워 임신한 아내의 튼살 크림도 발라준다. 그리고 아이에게 태교 동화도 읽어준다. 어느 날은 회식을 하는 도중에 아내가 먹고 싶다는 것이 있다고 했다. 그때는 회식 자리에 계신 분들께

양해를 구하고 먹고 싶다는 것을 사들고 집에 간 적이 있다. 그렇게 아내
와 아이를 위하니 부정적인 말이 오고 가지 않았다.

세 번째는 함께할 수 있는 취미를 찾는 것이다.
우리 부부는 함께 책을 읽기도 했고 영화를 관람하기도 했다. 영화관
에 가지 못할 때에는 집에 있는 스마트TV에 스마트폰을 연결해 영화를
보기도 했다. 함께 드라마를 보며 아내는 뜨개질을 하고 나는 옆에서 실
을 풀어주기도 했다.

부모가 각자의 역할을 분담하는 것이다. 그리고 둘 중 한 사람이 힘들
면 다른 한 사람이 조금 더 하는 것이다. 출산 전 아빠가 엄마를 케어해
주는 것도 육아의 일환이다. 엄마의 감정이 아이에게 영향을 주기 때문
이다.
이처럼 부부가 서로 우울해지지 않으려면 함께하는 시간을 가져야 한
다. 그리고 취미를 가져야 한다. 이왕이면 함께할 수 있는 취미를 가지는
것이 최고의 우울증 극복 방법이다. 함께할 수 있는 취미를 만드는 것도
추천한다. 그리고 같은 꿈과 이상을 실현하고자 한다면 더할 나위 없이
좋은 우울증 극복 방법이 될 것이다.

4장

출산 후 100일,
서툰 아빠를 위한
실전 노하우

육아를 피하는 아빠,
아이가 피하는 아빠

/

누구나 재능은 있다.
드문 것은 그 재능이 이끄는 암흑 속으로 따라 들어갈 용기다.
- 에리카 종

아빠 공부로 시작한 아빠 준비

아빠가 된다는 것에 아직 준비가 되지 않았는가? 혹시 기쁨보다는 겁을 내고 있는가? 혹시나 불안한 마음을 조금이라도 가지고 있다면 당신은 정상이라고 볼 수 있다. 대부분의 아빠들이 아이의 존재만으로 미래에 대한 불안감이 오기도 하기 때문이다. 이럴 때는 어떻게 준비하는 것이 좋을까?

여러분은 살아오면서 수많은 공부를 했을 것이다. 초·중·고등학교부터 길게는 대학원까지 가게 되면 족히 20년은 공부만 하고 살게 된다. 내가 이 얘기를 하는 이유는 불안하면 공부를 하라고 말하기 위해서이다. 20년 이상 공부를 하며 삶을 살아온 이유가 무엇인가? 미래에 대한 불안감 때문이 아닌가? 아마 공부를 좋아해서 즐기며 한다는 사람은 거의 없을 것이다. 하지만 아빠 육아 공부는 즐기면서 할 수 있는 공부라고 생각한다. 그러므로 당신도 함께할 것을 권한다.

아이를 임신하면서부터 아빠들은 아이를 맞이하기 위해 준비를 하기 시작한다. 육아용품을 구매하기도 하고 아내를 위한 출산용품을 구매하기도 한다. '베이비 페어' 같은 박람회에 가서도 육아 관련 정보를 얻기도 한다.

나도 박람회를 한 번 가본 경험이 있다. 하지만 그렇게 유익하지는 못하다고 생각했다. 온통 육아용품으로 가득했다. 그곳에서는 육아용품을 판매하기도 했는데 결코 싼 가격에 살 수는 없었다. 그야말로 정보만 얻기 위해서 가는 것이라면 추천한다. 하지만 인터넷을 통해 찾아보는 것이 더 효율적이라고 말해주고 싶다.

박람회에 무조건 갈 필요가 없다고 얘기하는 것이 아니다. 그곳에서도 얻을 수 있는 정보가 있다. 그리고 아내와 아이에게 맞는 용품을 비교하며 찾을 수 있다. 그곳에서 패키지로 판매하는 용품이 인터넷보다 저렴한 경우도 있다.

박람회에 가면 아빠 육아 관련 동화책이나 놀이 상품들을 쉽게 볼 수 있다. 아빠가 읽어주는 동화책은 나도 아이에게 읽어준 경험이 있다. 아직 아이가 어려 알아듣기는 힘들 것이다. 하지만 나와 아내가 번갈아가며 책을 매일 읽어주니 아이도 책에 익숙해졌다. 그래서 잠에서 깨면 책을 가장 먼저 손에 쥔다.

엄마보다는 덜 섬세한 아빠들이 대부분이다. 그래서 아빠의 육아를 돕는 용품들도 나오고 있다. 목욕용품이 특히 그런 것 같다. 이러한 용품들은 엄마도 편하게 사용할 수 있다.

요즘은 핵가족 시대가 되었다. 그래서 아빠 육아가 시대적 트렌드로 자리매김했다. 이런 트렌드에 따라 아빠가 육아를 공부하는 문화도 성장하고 있다. 지금 시대의 아빠들은 박람회에서만 육아 정보를 얻지 않는다. 산부인과나 산후조리원에서도 아빠가 할 수 있는 강좌가 많다. 그리고 각종 매체를 통해서 아빠 육아 관련 소식이나 정보를 얻을 수 있다. 그러니 아빠 육아를 너무 어렵고 힘들다고 생각하지 말길 바란다.

육아 노하우를 전수하다

나도 아내가 임신을 하면서부터 아빠 육아에 관심을 가졌다. 그리고 아이를 낳고서는 경험하지 못했던 것들을 책과 인터넷으로 공부했다. 솔직히 내가 궁금해하는 것을 찾을 수 없는 때가 있었다. 아빠 육아의 정보가 부족하다고 느낀 것이다. 그래서 내가 정보를 주는 사람이 되어보자고 생각을 했다.

　나의 유튜브 채널에는 '육아 강의'를 주제로 한 영상들이 있다. 영상을 보면 아마 '이런 것도 강의야?'라고 할지 모른다. 나도 그렇게 생각한 적이 있다. 하지만 곧 나는 내가 궁금해했던 것을 누군가가 궁금해할 것이라고 믿었다. 그래서 영상을 편집해 유튜브 채널에 게시한 것이다. 그런데 웬일인가? 정말 궁금해하는 사람들이 있었다. 초기에 내 채널의 구독자들은 나에게 궁금한 것을 묻기도 했다. 그렇게 내 채널은 아빠들이 소통하는 채널로 성장하는 한 걸음을 내딛게 된 것이다.

　요즘은 아빠 육아가 주제로 된 책들이 줄지어 나오고 있다. 서점에 가면 아빠 육아 관련 서적이 많이 출간되고 있는 것을 알 수 있을 것이다. 모든 서적이 당신이 아빠 육아를 하는 데에 도움이 될 수 있다. 아빠 육아의 선배들이 노하우를 전수하는 것이니 말이다. 나도 나만의 노하우를 책에 담았다. 주변에 임신, 출산한 지인이 있다면 선물해도 좋을 것이다.

　얼마나 좋은 세상인가? 아빠 육아 선배들이 직접 육아 노하우를 전수한다. 그냥 지나치고 자신의 취미만 즐길 것인가? 아빠 육아를 포기하고 아이를 엄마에게만 맡길 생각인가?

당신은 잠깐의 시간만 활용하면 아빠 육아 공부를 할 수 있다. 출퇴근 길, 점심시간에 무엇을 하는가? 인터넷 서핑, 모바일게임, 유튜브 영상 시청을 하지 않는가? 그 시간의 일부만 아빠 육아 공부에 쏟아보자. 아이가 태어나도 두렵지 않은 아빠 육아를 할 수 있을 것이다.

과학 시간에 공부를 하며 배운 내용을 실험하는 경험을 해본 적이 있을 것이다. 그때 어떤 생각이 들었는가? 연신 감탄사를 뱉으며 신기하게 생각했을 것이다. 당신이 공부한 아빠 육아를 아이에게 해보자. 그렇다면 과학 수업 시간보다 더 신기하고 행복한 경험을 하게 될 것이다.

요즘은 주변에서 쉽게 아빠 육아를 하는 사람을 찾을 수 있을 것이다. 그렇다면 그들에게 조언을 구할 수도 있을 것이다. 친한 지인이라면 아마도 더 자세히 알려줄 것이다. 나도 지인들이 묻는 질문에는 더 성심성의껏 답변한다. 옆에서 실제 육아하는 모습을 볼 수 있는 지인이면 좋다. 그렇다면 실제 육아하는 모습을 보며 느끼는 감정까지 있을 것이다. 더 얻는 것이 많다는 말이다.

어린 시절 나이 차이가 많이 나는 친척 형님, 누님들의 육아하는 모습을 눈여겨보았다. 나는 그렇게 일찌감치 육아를 배우게 된 것이다. 조카들이 많아 다양한 성향의 아이들을 접할 수 있었다. 명절에 친척집에 가면 아이들과 놀아준 기억만 남아 있다. 정말 그 당시에 조카들과 놀아주며 몸으로 하는 놀이를 많이 터득한 것 같다. 그 놀이들을 내 아이에게 해주고 있는 것이 그 증거이다.

이처럼 나는 주변 환경의 도움으로 일찌감치 육아를 접할 수 있었다. 내가 호기심이 많고 아이를 좋아하는 성격이라서 그럴 수도 있다. 하지만 무엇보다 내가 경험한 그 시간들을 허투루 보내지 않은 것이 지금의 나에게 큰 도움이 된 것 같다.

나와 같은 환경이 아니더라도 할 수 있다. 그리고 나와 같은 성격이 아니어도 할 수 있다. 아이가 태어나면 다 할 수 있게 된다. 하지만 나는 당신이 아빠 육아 공부에 시간을 투자하길 바란다. 아이의 성향을 알 수 없기 때문이다.

당신이 두려워서 아빠 육아를 피한다면, 아이가 피하는 아빠가 된다는 것을 명심하자.

초보 아빠가 주의해야 할 점

첫 번째, 신생아 목 꺾임 사고 예방이다.

신생아는 몸도 가누지 못하지만 목을 혼자서 가눌 수 없다. 그렇기 때문에 이 시기에 아이를 안을 때에는 목과 머리를 항상 손으로 받쳐주어야 한다. 카시트에 태워 이동하는 경우에도 꼭 차량의 후면을 바라보도록 해야 한다. 그래야지 목이 꺾이는 사고를 예방할 수 있다.

두 번째, 질식사고 예방이다.

아이가 뒤집기 시작한 시기에 특히 위험하다. 이 시기에는 아이의 얼굴을 푹 감싸는 이불이나 베개를 사용하지 않는 것이 좋다. 그리고 장난감은 아이가 집어삼킬 수 없는 크기로 준비하여야 한다. 혹시나 발생할수 있는 상황에 대처하기 위한 응급 조치 방법을 숙지하는 것도 추천한다. 행정안전부에서 운영하는 유튜브 채널 '안전한TV'를 참고하도록 하자.

SNS로 꼬박꼬박
아빠 육아 일기 쓰기

/

우리는 공감하는 것에 대해 말할 권리가 있다.
- 요한 볼프강 폰 괴테

블로그, 인스타그램, 유튜브 활용하기

내 주변에서는 일기장을 만들어 육아 일기를 쓴다는 사람을 본 적이 없다. 대부분 SNS로 남겨놓기 때문이다. 인터넷 블로그나 인스타그램을 보면 아빠가 육아를 하면서 게시하는 글이 많다. 심지어 동영상을 찍어 유튜브에 게시하는 아빠들도 늘어나고 있다.

나 또한 다른 아빠들의 게시물을 보며 인스타그램 계정과 유튜브 채널을 개설했다. 그리고 그것들을 통해 아이의 성장 과정을 공유하고 있다.

내 주변 지인들도 내가 게시한 글이나 사진, 동영상을 보게 된다. 그 게시물들을 통해 육아와 관련된 내용으로 소통하기도 한다.

지인 중에는 예비 아빠, 엄마들도 있다. 가끔 그들이 나에게 육아 관련 정보를 묻기도 한다. 그리고 나는 경험을 통해 얻은 정보들을 그들에게 답해주기도 한다.

또 아이의 일상을 공유하기도 한다. 이때는 아이가 태어난 지 얼마나 되었는지 기록한다. 그리고 그날의 성장 발달 사항을 함께 기록한다. 나와 아내의 느낌도 덧붙인다.

SNS 육아 일기도 펜으로 적는 육아 일기와 같이 이전에 쓴 글을 다시 볼 수 있다. 그래서 아이가 성장하면서 변한 점을 알 수 있게 된다. 또 그때 나와 아내의 느낌을 알 수 있게 된다.

나는 기저귀 교체하는 방법, 이유식이나 분유를 먹이는 방법 등을 유튜브에 영상으로 공유했다. 나만의 노하우를 사람들이 참고하도록 공유한 것이다. 그리고 아이와 함께 놀이를 한 일상도 공유한다. 아빠가 어떻게 놀아줘야 할지 모르는 사람들을 위한 것이다.

이처럼 영상을 통해 사람들에게 공유를 하면서 나도 아이의 성장하는 모습을 다시 보기도 한다.

육아 일기를 펜으로 쓰는 방법도 있다. 하지만 나는 SNS로 써볼 것을 권한다. 요즘은 스마트폰으로 어디서든 접속이 가능하다. 그래서 언제 어디서든 쉽고 빠르게 기록을 할 수 있다. 내가 육아 일기를 인스타그램을 통해 게시하는 데 걸리는 시간은 5분도 안 걸린다. 내가 다른 아빠들의 게시물을 보고 시작했다고 했다. 이 책을 보고 있는 당신도 지금이라도 시작해보는 것은 어떨까? 비용이 드는 것도 아니다. 나에게 이익이 되는 것이 아니다. 다만 아이의 성장 과정과 아이와의 추억을 놓치지 않았으면 하는 마음이다.

아이가 태어난 후 출생 신고를 하니 주민등록번호가 나왔다. 주민등록번호가 나온 지 얼마 지나지 않아 아이의 계정을 만들 수 있었다. 14세 미만이라 아빠인 내가 동의를 하는 절차가 있었다. 그 절차까지 마치고 난 뒤 비로소 아이의 계정이 만들어졌다. 나와 아내는 아이가 태어나기 전에는 각자의 계정에 자신의 감정을 담았다. 하지만 아이의 계정이 만들고 난 후 그 계정에는 아이와 관련된 것을 게시했다. 물론 우리의 감정도 함께 적었다.

아이의 계정은 주로 아내가 관리했다. 아이와 지내는 시간이 더 많기 때문이다. 아내는 아이와 함께하는 시간에 사진을 찍었다. 아이를 재우고 나서 그 사진을 게시했다. 아이의 초음파 사진부터 시작했다. 태어난 날 모습을 담기도 했다. 아빠, 엄마와 함께 찍은 사진을 게시하기도 했고 특별한 날은 사진을 찍어 게시했다.

아이의 계정을 처음 게시물부터 다시 볼 때가 있다. 지금과는 사뭇 다른 모습을 하고 있는 아이를 볼 수 있다. 작고 여린 모습을 하고 있다. 그때와 지금의 아이의 모습을 비교하기도 한다. 1년도 채 되지 않는 시간 동안 정말 많이 변했다는 것을 느낀다. 그리고 현재 아이의 모습에서 신생아 시절의 행동이 남아 있는 것들이 있다. 그 모습을 아내와 함께 찾는 것도 즐겁다. 찾아내면 정말 신기할 때가 있다.

인스타그램에는 사진만 게시할 수 있는 것이 아니다. 짧은 영상도 게시할 수 있다. 우리 부부는 짧게 촬영된 영상을 올리기도 한다. 아이의 행동이 고스란히 담겨 있다. 그 모습을 볼 때마다 아빠 미소가 저절로 나온다.

나는 아이가 스마트폰을 사용하게 되면 아이의 계정을 줄 생각이다. 그때가 되면 더 좋은 SNS가 나타날지 모른다. 하지만 이 육아 일기는 반영구적으로 남아 있을 수 있다. 아이가 소중한 추억으로 간직해주길 바라는 마음을 담았다면 반드시 전해질 것이다.

SNS 육아 일기로 소확행을 맛보다

SNS 육아 일기를 쓰면 소소한 재미가 있다. 나는 가끔 잠들기 전에 아내와 함께 보물찾기를 하듯 아이의 변한 모습을 찾는다. 그렇게 함께 시간을 보내면 어느새 부부의 행복도 찾을 수 있게 된다.

아이가 글을 읽을 수 있게 되었을 때 함께 보면 값진 선물이 될 수 있다. 아이는 어린 시절 자신의 모습을 보며 신기해할 것이다. 그리고 아빠, 엄마가 쓴 글을 보고 '부모님이 나에 대해 이렇게 생각하셨구나.'라는 것을 느낄 수 있을 것이다. 이 또한 가족의 행복을 찾는 한 가지 방법인 것이다.

요즘에는 모두 불편을 감내하면서 카메라를 들고 다니지 않는다. 스마트폰이 계속 발전하고 있다. 그리고 스마트폰 카메라 또한 발전한다. 언제, 어디서든 쉽게 사진, 동영상 촬영을 할 수 있다. 8090시대에는 보통 카메라를 들고 다니며 촬영했을 것이다. 하지만 요즘은 스마트폰 하나만 있으면 아이의 모습을 쉽게 남겨놓을 수 있다.

길을 걷다 보면 아이의 모습을 수시로 스마트폰으로 촬영하는 부모의 모습이 자주 보인다. 당신도 아이가 있다면 스마트폰의 촬영 버튼을 연신 누르고 있을 것이다. 너무 사랑스러운 아이의 모습을 간직하기 위해서 말이다.

나는 앞에서 짧은 영상을 SNS에 게시할 수 있다고 했다. 하지만 아이와 놀면서 영상을 찍다 보면 길어질 때가 있다. 나는 그렇게 긴 시간 촬영된 영상은 유튜브에 게시한다. 참고로 내가 생각하는 기준에서 짧은 영상은 1분 이하이다. 그리고 긴 영상은 1~30분 사이이다.

나는 아내가 아이를 임신하면서부터 유튜브를 준비했다. 아이와의 추억을 남기고 싶었기 때문이다. 그리고 다른 지역에 사시는 양가 부모님께 보여드리기 위함이었다. 사실 2가지 이유 중 아이와의 추억을 남기고 싶은 마음이 더 컸다. 그래서 수시로 영상을 촬영했다. 하지만 어떤 영상을 어떻게 찍어야 할지 감이 잡히지 않았다. 그래서 먼저 연습 삼아 촬영을 시작했다. 정말 수시로 스마트폰을 꺼내 촬영했던 기억이 있다.

임신한 아내의 배에서 태동이 느껴지면 촬영했다. 아내가 출산을 준비하는 모습도 촬영했다. 아이의 탯줄을 자르는 모습도 촬영을 했다. 의사 선생님께서 나중에 말씀하시는데 첫 출산 때 탯줄 자르면서 촬영하는 아빠는 드물다고 한다. 지금 생각하면 나는 정말 우리 가족의 추억을 위해 열정적으로 촬영했던 것 같다.

본격적으로 유튜브를 시작할 때는 그동안 연습한 것이 빛을 발했다. 촬영할 때 주의할 점에 대해 알게 된 것이다. 촬영 각도, 빛의 방향에 따른 촬영 위치를 알게 되었다. 그리고 스마트폰 카메라의 일부 기능도 숙달할 수 있었다. 영상 촬영에 감이 오지 않는다면 내가 운영하는 유튜브 채널을 참고하면 된다. '아빠육아TV'를 구독하면 여러 영상을 볼 수 있을 것이다. 내 채널 구독자 중에는 육아 노하우, 육아 일상 등 게시된 영상을 본다. 그리고 나에게 궁금한 것을 문의하기도 한다. 인스타그램 다이렉트 메시지뿐 아니라 유튜브 댓글을 달아도 도움을 받을 수 있다.

SNS나 유튜브 채널 운영을 굳이 하지 않아도 된다. 하지만 나는 직장 생활에 찌들어 있는 아빠들에게 말하고 싶다. 지금이라도 블로그, 인스타그램, 유튜브 육아 일기를 시작해보라고 말이다. 아이와 놀면서 촬영했던 사진이나 영상을 다시 보게 된다. 그때 아빠 미소와 함께 행복을 느끼게 될 것이다. 그리고 아이의 모습을 보며 느낀 감정을 SNS에 함께 남긴다. 아이가 나중에 보게 된다고 생각하면 즐겁다.

나는 아이와의 특별한 순간도 틈틈이 스마트폰 어플리케이션으로 편집해서 유튜브에 올린다. 편집한 것을 보면 또 다른 행복이 찾아온다. 요즘은 아빠 육아가 늘어나고 있는 시대이다. 엄마들도 그렇지만 아빠들도 직장 생활에서 피로를 등에 업고 퇴근한다. 이럴 때 내가 알려준 방법으로 소소하지만 확실한 행복을 찾아보는 것은 어떨까?

우리 아이 건강을 위한
기저귀 이야기

/

사랑받고 싶다면 사랑하라, 그리고 사랑스럽게 행동하라.
- 벤자민 프랭클린

기저귀를 갈며 빨간 점을 발견하다

나는 아이의 기저귀를 가는 것을 초등학교 때 처음 보았다. 명절에 친척집에 가면 온통 갓난아기들이기 때문이다. 그때는 그저 기저귀가 신기하기만 했다. 팬티도 아닌 것이 착용만 하고 있으면 화장실을 가지 않아도 되었기 때문이다.

기저귀가 대소변을 다 받아내는 것이 신기했던 나는 몰래 기저귀에 물을 부어보기도 했다. 물을 붓고 신나게 흔들었는데도 물이 떨어지지 않는 것이었다. 얼마나 신기한 일인가?

기저귀는 아직 배변 훈련이 되지 않은 아이들에게는 필수품이다. 초등학생이었던 나는 당연히 기저귀를 착용하지 않았다. 그래서 호기심이 불러온 실험을 했다고 생각된다. 아마도 그때 그 실험을 하지 않았더라면 내 아이의 기저귀에 실험했을 것이다.

나는 그렇게 기저귀를 보고 만진 덕분에 낯설게 느껴지지 않았다. 그때 어깨너머로 배운 기저귀 가는 법이 생각났다. 그래서 나는 기저귀 가는 데에 큰 문제가 없었다. 하지만 주변에서 기저귀를 처음 갈며 어려움을 느끼는 사람이 있었다. 그래서 나는 아이의 기저귀를 갈아주는 영상을 찍어 유튜브 채널에 게시하기도 했다.

육아를 한다면 한 번쯤은 기저귀를 갈아주는 경험을 하게 된다. 어느 날에는 아이 기저귀를 갈아주는데 붉은 반점이 보였다. 반점이 생기는 것은 어린 시절 경험할 수 없었다. 그래서 인터넷 검색도 하고 육아 관련 서적을 찾아보게 되었다. 붉은 반점은 기저귀 발진이었다. 젖은 기저귀를 자주 갈아주지 않아 생긴 것이었다.

보통 기저귀들을 보면 기저귀 중앙 부분에 색이 변하는 부분이 있다. 아이가 용변을 본 것을 알려주는 것이다. 새 기저귀와 용변을 본 기저귀를 비교해보면 알 수 있다.

우리 아이가 쓰는 기저귀는 세 줄의 띠가 있다. 새 기저귀는 띠가 노란

색이다. 아이가 용변을 보면 점점 하늘색으로 변한다.

기저귀에 용변을 많이 보면 부풀어 오르기도 한다. 하지만 그 반점을 볼 당시에는 부풀어 오르지도 않았다. 그리고 색깔 띠도 색이 일부만 변할 정도로 용변을 본 양이 얼마 되지 않았다.

용변을 볼 때마다 기저귀를 갈아준다는 것은 사실 쉽지 않다. 온종일 아이의 기저귀만 보고 있을 수는 없기 때문이다. 그래서 보통 아이가 칭얼대면 기저귀를 확인하게 되는 것이다. 그래도 수시로 확인을 해서 발진이 생기지 않도록 관리해주어야 한다. 발진이 생겼는데도 방치한다면 병을 키울 수 있다. 심할 때는 진물이 나거나 그 부위가 헐기 때문이다.

그렇다면 이렇게 기저귀 발진이 생겼을 때 어떻게 관리해주어야 할까? 그리고 어떻게 예방해야 할까? 내가 지금부터 알려주는 방법은 모든 아이에게 적용되지 않을 수도 있다. 하지만 육아하는 데에 참고하면 도움이 될 것이다.

먼저 발진이 이미 생긴 경우이다. 나의 경우는 초기 증상이었다. 그래서 아이의 기저귀를 갈아준 후 아이를 씻겨주었다. 그리고 건조하지 않게 보습크림과 수딩젤을 사용하였다. 먼저 보습크림을 발라주었다. 그후 발진이 생긴 부분에 수딩젤을 발라주었다.

수딩젤을 바른 후 기저귀를 바로 착용시키지 않았다. 1~2분 정도 바람을 쐬도록 벗겨놓은 것이다. 이때는 아이가 용변을 볼 수 있으니 방수요를 깔아야 한다. 또한 방수요만 깔면 아이의 피부가 상할지 모른다. 그 위에 천 기저귀나 부드러운 면 소재의 이불을 깔아 놓는 것이 좋다. 나의 경우는 천 기저귀를 깔아주었다.

다음으로는 발진을 예방하는 방법이다. 발진은 통풍이 안 되고 축축한 기저귀가 피부에 닿을 때 주로 생긴다. 그러므로 기저귀를 자주 갈아주는 것이 가장 기본적으로 해야 할 일이다. 그렇다고 기저귀만 보면서 육아를 하라는 것은 아니다.

나의 경우는 이렇게 기저귀를 체크한다. 아침에 아이가 잠에서 깨면 갈아준다. 그다음은 아침 분유나 이유식을 먹고 난 뒤 갈아준다. 이때는 한 번 씻겨준다. 낮잠 자고 나서 갈아준다. 점심과 저녁을 먹고 난 뒤에도 씻기며 갈아준다. 마지막으로 잠들기 전에 갈아준다. 중간에 씻길 때는 보습 크림과 수딩젤을 발라준다. 그 이후에는 기저귀 발진은 보지 못했다.

보통의 아이들은 2~3세 때 기저귀를 떼기 위해 배변훈련을 한다고 한다. 배변훈련이 어느 정도 된 후에 기저귀를 뗄 수 있기 때문이다. 기저귀를 뗄 수 있는 때가 되기 전에는 24시간 착용하고 있어야 한다. 24시간 아이를 보고 있을 수는 없다. 하지만 관심을 가져야 한다.

기저귀 발진을 제대로 관리하지 못한다면 아이에게 아픔을 줄 수 있다. 피부가 예민한 아이는 특히나 더 많은 관심을 기울여야 한다. 한여름이나 땀이 많은 아이는 더 자주 확인해야 한다. 아이들을 위해 파우더나 그를 대체할 발진 크림, 수딩젤을 준비해놓을 것을 권한다. 아이는 피부가 연하기 때문에 모든 대비를 해야 한다.

기본적이지만 아무도 알려주지 않는 것

아이의 기저귀를 갈아주는 것은 힘들지 않다. 물론 어떻게 해야 할지 모르는 경우에는 힘들 수 있다. 만일 그렇다면 나의 유튜브 채널에 게시한 영상을 참고하도록 하자.

아이의 월령에 따라 차이는 있을 수 있다. 하지만 신생아의 경우나 기저귀를 떼려는 2~3세 아이나 갈아주는 방법은 비슷하다. 다만 부모가 기저귀를 갈아주는 때에 손의 악력을 조절하는 것이 필요하다. 그리고 아이가 뒤집기 시작했다면 다른 방법도 고려해야 한다.

우리 아이는 4개월 정도에 뒤집기 시작했다. 뒤집기 시작하자 기저귀를 갈아줄 때 뒤집기 위해 안간힘을 쓰기도 했다. 처음에는 한 번에 뒤집지 못했다. 그래서 한 손으로 잡고 한 손으로 기저귀를 갈아주었다. 점점 뒤집는 힘이 세지니 한 손으로는 벅찼다. 그래서 생각한 방법이 바로 장난감이었다. 장난감으로 시선을 끈 뒤 손에 쥐어주니 기저귀를 조금은 쉽게 갈아줄 수 있었다.

8개월 정도 되니 혼자서 기어서 움직이기 시작했다. 그때부터 장난감으로 감당이 되지 않아 기저귀 타입을 바꿨다. 밴드형 기저귀에서 팬티형 기저귀로 바꾸게 된 것이다.

팬티형 기저귀는 아이가 돌아다녀도 갈아주기 편했다. 두 발만 기저귀에 넣는 것을 성공하면 아이가 돌아다녀도 충분히 쉽게 할 수 있다. 다만 돌아다니는 아이를 따라다니며 갈아주어야 한다.

벗기는 것 역시 밴드형에 비해 간편했다. 아이가 기어다니기 시작하면 엎드려 있는 자세가 된다. 그러면 기저귀의 고정 밴드가 보이지 않는다. 하지만 팬티형 기저귀는 양 옆 부분을 뜯어내면 쉽게 벗길 수 있었다. 엎드려 있어도 쉽게 벗길 수 있는 것이다. 팬티형은 일어서기 시작하면 갈아주기가 더 쉬워진다. 물론 걷기 시작하면 앞서 말했듯이 따라다니거나 아이를 붙잡고 갈아주어야 한다.

아이를 건강하게 키우는 방법 중에는 기저귀 갈아주는 것이 포함되어 있다. 기저귀를 갈아주며 수시로 피부 상태도 체크한다. 그리고 기저귀 발진이 생기지 않도록 수시로 관리해줄 수 있는 것이다.

피부가 예민한 아이가 기저귀 발진이 생겼다고 하자. 그런데 관심을 쏟지 않으면 더 큰 병을 초래할 수 있다. 아직 여린 피부의 아이에게 아픔을 주고 싶지 않다면 부모의 역할을 다하기 바란다. 하루 5회 이상은 기저귀를 확인할 것을 권한다.

기저귀 갈아주는 방법도 익숙해지면 금방 할 수 있게 된다. 무엇이든 처음이 어렵다. 그러니 어렵게 생각해서 아내에게만 맡기지 않도록 하자. 당신이 아이와 있는 시간 동안이라도 아빠인 당신이 해볼 것을 권한다. 그렇게 아이와 스킨십하며 가까워질 수 있는 시간도 더 늘어나는 것이다.

4

수유? 분유?
아이 맘마 먹이는 방법

/

자녀와 끊임없이 대화하라.
- 마이클 델

제대로 먹고, 제대로 싸고

산후조리원에서는 엄마들이 잠들기 전에 미리 모유를 유축해놓는다. 엄마가 잠을 자는 새벽에 아이가 배고파하면 먹이기 위해서다. 유축한 모유로도 부족하면 분유를 먹이게 된다.

우리 아이는 산후조리원에서 산양분유로 시작했다. 산양유가 체내 흡수가 빠르다고 했다. 그리고 모유와 가장 흡사하다고 했다. 그래서 선택한 것이다.

아이의 분유에도 단계가 있는 것을 알고 있는가? 어린 시절에는 조카들과 친척 동생에게 분유를 먹이는 모습만 보았다. 그래서 분유에 단계가 있다는 사실을 알 수 없었다. 나는 이러한 사실을 내 아이가 태어나고 알게 되었다.

성인도 자신에게 맞는 음식이 있듯이 아이에게 맞는 분유도 따로 있다. 아이가 분유를 먹고 구토를 하거나 대변의 상태가 좋지 않을 수 있다. 또는 배앓이를 해서 온종일 울음을 그치지 않을 수도 있다. 배앓이는 쉽게 말해 배탈이라고 생각하면 된다. 이런 증상이 나타나면 분유를 바꿔주어야 한다. 아이에게 맞지 않는 것이기 때문이다.

우리 아이도 산양분유를 1단계까지는 잘 먹었다. 일명 '황금똥'이라 불리는 황금색의 변이었다. 2단계 분유를 먹기 시작하면서 점점 변이 녹색으로 변했다. 평소와 달라진 것이다.

처음에는 초기 이유식을 시작해서 그렇다고 생각했다. 그래서 아이의 대변이 녹색이 되었을 때는 의심을 하지 못했다. 그대로 혹시 몰라 육아 관련 서적을 보았다. 책에는 녹색 대변도 정상에 속한다고 했다. 녹색 변을 보는 기간에는 아이가 쉽게 잠들지 못할 정도로 칭얼댔다. 덩달아 나와 아내도 밤잠을 설치게 되었다.

아이가 배앓이를 하듯이 몸을 심하게 꼬는 모습은 보이지 않았다. 그래서 단순히 성장통이라고 생각해 온몸을 마사지해주기만 했다. 혹시 몰라 배 마사지도 함께 해주었다. 시간이 많이 흐른 뒤였는데도 아이는 울음을 그치지 않았다. 배앓이를 하는 것이었다. 그제야 우리 부부는 아이의 분유를 다른 것으로 바꿨다.

분유를 바꾸고 나서는 모든 증상이 사라졌다. 변의 상태도 정상으로 돌아왔다. 바꾼 분유가 아이에게 잘 맞았다. 그래서 아직까지도 그 분유를 잘 먹고 있다.

이처럼 아이가 울고 보챌 때 아이를 잘 체크해야 한다.

앞에서 분유가 맞지 경우에 배앓이를 한다고 말했다. 배앓이를 할 때는 아이에 따라 다르지만 울음과 동시에 몸을 꽈배기처럼 꼬는 행동도 보이는 경우가 있다. 이럴 때는 배를 마사지해주어도 쉽게 울음을 그치지 않는다. 배앓이를 하는 아이를 보게 되면 얼마나 세게 우는지 억장이 무너진다. 그렇게 우는 데도 부모로서 해줄 수 있는 것이 배를 마사지해주는 것밖에 없다. 그러니 아이의 상태를 잘 체크하자. 아이에게 맞는 분유를 빨리 찾아내어 배앓이를 앓지 않게 하도록 하자.

배앓이 말고도 아이에게 맞는 분유인지 확인하는 방법이 한 가지 더 있다. 바로 대변의 상태이다. 앞에서 아이에게 맞지 않는 분유를 먹이면 구토와 대변의 상태가 좋지 않다고 말했다.

구토는 눈에 확실히 보인다. 하지만 신생아의 대변 상태는 성인의 대변과 같지 않다. 항상 모유나 분유만 먹기 때문에 무르다. 신생아의 대변 상태가 좋지 않다는 것을 알 수 있는 방법이 있다. 맨 처음 아이의 변부터 잘 체크하는 것이다. 아이의 대변 색깔, 무른 정도를 수시로 체크한다면 이상이 있을 때 쉽게 알 수 있다. 평소와 다른 대변의 상태를 바로 알아챌 수 있을 것이다.

본격 분유 먹이기

분유를 타게 될 때에도 주의해야 할 점이 있다. 분유는 어떻게 타야 제대로 타는 것일까? 이제부터는 분유 타는 것을 어렵지 않다고 생각하게 될 것이다.

먼저 분유 포트나 주전자에 물을 끓여준다. 분유 포트에 끓이는 경우는 분유 또는 40℃로 온도를 설정할 수 있다. 설정하면 온도가 자동으로 40℃에 맞춰진다. 그리고 작동되는 동안에는 설정 온도를 유지해준다.

주전자에 끓이는 경우는 온도계를 준비해 40℃에 맞춰 식혀주도록 하자. 이 경우에는 끓인 물을 식혀야 하는 시간을 감안해야 한다. 아이에게 수유하는 시간에 맞춰 준비하도록 하자.

40℃ 물을 준비했다면 미리 세척해 둔 젖병에 물을 채운다. 분유 한 스푼에 따른 물의 양은 분유마다 다르니 참고만 하자. 물의 양은 한 스푼에 30ml라고 가정한다. 분유통에는 계량스푼이 들어 있다. 이 스푼에 분유를 담은 후 넘치는 부분은 덜어낸다. 분유통 모서리에 보면 덜어낼 수 있도록 만들어진 부분이 있다.

수유량에 맞게 분유를 넣었다면 젖병 뚜껑을 닫는다. 그리고 잘 섞이도록 흔들어준다. 젖병을 흔들 때는 칵테일을 만드는 바텐더처럼 할 필요는 없다. 잘 섞일 수 있을 정도로만 흔들어준다. 젖병에 공기가 생기면 아이가 분유를 먹고 배앓이를 할 수 있기 때문이다.

분유 덩어리 없이 잘 녹았다면 마지막으로 분유 온도를 체크한다. 온도를 확인하면 37℃ 가 될 것이다. 하지만 일일이 온도계로 체크하기는 힘들다. 젖병을 거꾸로 하면 젖꼭지에서 분유가 한 방울씩 떨어진다. 이때 손등이나 손목 안쪽에 분유를 떨어뜨린다. 37℃ 면 성인의 체온보다 살짝 높은 정도이다. 그래서 따뜻함을 느낄 정도가 될 것이다.

온도 체크까지 마치면 분유 타는 것을 성공적으로 해낸 것이다.

분유는 평균적으로 생후 0~4개월 신생아가 먹는 1단계부터 시작한다. 2단계는 생후 4~6개월에 먹인다. 3단계는 6~12개월의 아이에게 먹인다. 12개월 이후에는 4단계를 먹이게 된다. 물론 생후 6개월 정도가 되면 분유와 함께 이유식을 먹이는 경우도 있다.

분유 수유량은 분유마다 다르다. 또 아이마다 다르다. 그래서 정량이 얼마나 되는지 알려주기가 힘들다. 그래서 아이에게 맞는 분유를 찾았다면 분유통 겉면의 정보를 확인할 것을 권한다. 확인 후에는 아이에게 맞는 수유량과 수유 횟수를 조절하면 된다.

분유를 먹일 때에도 주의할 점이 있다. 바로 아이가 젖병에 있는 공기를 흡입하는 것이다. 앞서 분유를 섞을 때 너무 심하게 흔들면 공기가 생긴다고 말했다. 아이가 공기를 마시면 배앓이를 할 수도 있으니 이것을 꼭 주의하자. 그리고 아이가 분유를 다 먹고 나서도 공기를 흡입할 수 있다. 분유를 다 먹이고 난 후 빈 젖병을 빨지 않도록 하자. 참고로 분유를 먹임과 동시에 트림을 시켜줌으로써 배에 찬 공기를 빼내줄 수는 있다.

보통의 아이들은 잠자기 직전 수유를 할 때 분유를 먹는 중에 잠이 든다. 생후 3개월 정도 아이의 경우 아이가 트림을 할 때까지 등을 마사지 해주어야 한다. 그렇지 않으면 배앓이로 인해 잠들었다 중간에 다시 깨어나기도 한다.

아이에게 모유 수유나 분유 수유를 하는 것도 신경을 많이 써야 한다. 성인들이 음식의 칼로리나 영양소를 따지게 되는 것과 같은 이치다. 스스로 조절하지 못하는 아이들에게 먹이는 것이니 더욱 신경을 써야 하는 것이다. 수유 후 소화하는 것 또한 신경을 써야 한다. 아이의 배앓이를 경험한 나는 꼭 트림까지 시킨 후 잠을 재웠다. 배앓이를 하는 아이의 모습을 보면 정말 안쓰럽다. 어찌할 바를 모를 정도로 대성통곡을 하는 아이도 보게 된다. 다시는 그 모습을 보고 싶지 않다.

아이가 건강하게 자라기 위해서는 부모가 애정과 관심을 많이 쏟아야 한다. 아이가 잘 먹는지부터 소화를 잘 시키는지까지. 아이는 항상 부모의 사랑과 관심이 필요한 소중한 존재라는 것을 잊지 말자.

안전하게 아이 목욕시키는 법

/

올바른 삶의 자세를 가르쳐라.
- 래리 킹

서투른 아빠, 엄마의 미션

부모들은 육아를 쉽게 배우지 못한다. 먼저 알려주려고 나서는 사람도 드물다. 그렇기 때문에 부부가 합심하여 배우려고 해야 한다. 책이나 유튜브 영상으로 말이다.

이미 출산한 부모들은 알겠지만 산후조리원에서 교육해주는 시간이 있다. 산후조리원마다 다를 수는 있지만 거의 모든 산후조리원에서 교육을 실시한다. 목욕 교육과 퇴소 교육이다.

신생아를 목욕시키기는 여간 힘든 일이 아닐 수 없다. 몸뿐만 아니라 목도 스스로 가누지 못하는 아이이다. 그러니 자연스럽게 아이를 들고 있는 팔에 힘이 들어갔다. 나도 아이를 처음 목욕시킬 때 어깨에 힘이 잔뜩 들어가 근육이 뭉친 경험이 있다.

목욕 교육을 할 때는 산후조리원 간호사님이 목욕하는 방법을 직접 보여주신다. 그리고 맨 마지막에 비눗물을 헹굴 때 아빠나 엄마가 해볼 수 있다. 이때 동영상 촬영을 해둘 것을 권장한다. 나도 간호사님의 손을 따라 동영상을 촬영했다. 곧이어 내가 아이를 헹구는 과정은 아내가 촬영을 도왔다.

내가 보고 배운 신생아 목욕 방법은 참 간단해 보였다. 나는 목욕을 준비 과정부터 목욕 후까지 과정을 쉽게 생각했던 것이다. 하지만 직접해 보니 온몸에 땀이 났다.

아이를 목욕시키기 전 아이의 배냇저고리를 벗기기 전 실내 온도를 1~2℃도 정도 높여준다. 25~26℃ 정도로 맞췄다. 목욕 후 아이의 몸에 남아 있는 물기를 닦아 주기 위해 수건을 한 장 준비한다. 그 옆에는 아이의 뽀송한 피부를 위한 로션을 둔다. 체온 유지를 스스로 하기 힘든 신생아는 금방 체온이 떨어질 수 있으니 모든 것을 준비하고 목욕을 시켜야 한다.

욕조 2개에 따뜻한 온도의 물을 받아놓는다. 이때 물의 온도는 온도계로 잴 때 38~40℃ 정도가 되면 적정하다. 온도계를 미처 구비하지 못했다면 팔꿈치를 이용할 수 있다. 팔꿈치를 물에 넣었을 때 팔꿈치에서 따뜻함을 느낄 수 있는 정도면 된다.

욕조 주변에 아이를 욕조에서 꺼냈을 때 바로 감쌀 수 있도록 수건을 또 한 장 준비한다. 그리고 아이의 머리카락과 얼굴의 물기를 닦아줄 가제 손수건 한 장을 준비한다. 마지막으로 아이의 몸에 있는 태지와 각종 세균을 씻어낼 바디워시도 준비한다. 이로써 목욕 준비는 끝이 난다.

신생아는 욕조에 혼자 넣을 수 없다. 아직 혼자 몸을 가누거나 목을 가눌 힘이 없기 때문이다. 그래서 아이를 지지할 수 있는 부모의 한 쪽 팔이 필요하다. 자주 쓰는 팔로 아이를 닦여야 하니 반대 팔로 아이를 들어올린다. 이때 손으로는 머리를 받치고 팔로는 아이의 등과 허리를 받치고 눕힌다. 머리를 받치는 손으로는 아이의 양쪽 귀를 막아준다. 물이 들어가는 것을 방지하는 것이다. 귓구멍을 직접 막기 힘들다면 귓바퀴를 안쪽으로 접어 막아준다.

앞의 미션들을 수행했다면 이제는 씻기는 일만 남았다.

아이를 씻기는 순서의 첫 번째는 얼굴을 세수시키는 일이다. 이때는 아이를 욕조 속에 넣지 않는다. 그리고 손에 물기를 어느 정도만 묻혀야 한다. 물기가 많으면 입, 코, 귀로 물이 들어갈 수 있기 때문이다. 물방울이 떨어지지 않을 정도이다. 그리고 엄지손가락을 이용하여 닦아준다.

물을 묻힌 손으로 아이의 얼굴을 안쪽에서 바깥쪽으로 쓸어내려준다. 보통 산후조리원에서 눈부터 닦도록 교육한다. 눈을 시작으로 코 주변, 이마, 볼, 입 순서로 닦는다. 그 후 목을 닦아준다. 목에는 태지와 먼지가 묻어 있을 수 있으니 반드시 닦아주어야 한다. 세수가 끝나면 얼굴의 물기를 가제 손수건으로 톡톡 찍어 제거한다.

세수가 끝나면 머리를 감긴다. 아이를 안고 있는 팔을 아래쪽으로 살짝 기울인다. 머리가 아래로 향하게 된다. 다른 한 손으로는 아이의 머리를 적셔준다. 그리고 준비한 바디워시로 아이의 머리를 감긴다. 성인처럼 너무 세게 문지르면 안 된다. 머리뼈가 아직 제자리를 찾지 않은 상태이기 때문이다. 어루만지듯이 샴푸를 하면 된다. 헹궈낸 뒤 얼굴을 닦았던 가제 손수건으로 머리를 말려준다.

앞의 과정을 거친 후 아이를 욕조에 넣어 몸을 씻겨야 한다. 먼저 등부터 씻기는 것이 편하다. 아이를 엎드린 상태로 만든다. 이때 아이의 한쪽 겨드랑이에 손을 끼우고 팔로는 아이의 가슴을 받친다. 그 상태로 등에 물을 묻히고 바디워시로 씻긴다. 목 뒤, 엉덩이, 생식기, 겨드랑이까지 구석구석 씻겨준다. 몸 앞쪽은 아이의 등을 팔에 기대게 하는 것이다. 그 외의 과정은 등을 씻길 때와 같다.

목욕, 끝날 때까지 끝난 것이 아니다

아이를 욕조에서 꺼내자마자 큰 수건으로 온몸을 감싸주어야 한다. 그 이유는 앞서 말한 것과 같이 아이 스스로 체온을 조절하지 못하기 때문이다.

수건으로 감싼 아이를 데리고 로션을 준비해놓았던 곳으로 간다. 우리의 경우는 화장실이 안방에도 있는 집이다. 그래서 화장실에서 방으로 옮겨갔다. 방이나 거실 어디든 구애받지 않는다. 다만 실내 온도 조절이 쉬운 곳에서 하면 된다. 옮긴 뒤에는 몸을 감싸고 있던 수건을 이용해 1차로 물기를 제거해준다. 수건이 이미 젖었으니 그 수건으로 전체적으로 닦아주면 된다. 그 후에 미리 준비한 마른 수건으로 구석구석 꼼꼼히 물기를 제거해주면 된다.

물기를 제거한 뒤에는 배꼽 부위를 알코올 솜으로 소독을 해주어야 한다. 우리 아이는 탯줄이 떨어지고 나서도 생후 1개월까지는 소독을 해주었다. 소독이 끝나면 로션을 발라주어야 한다. 신생아들은 아직 몸이 약하다. 보기에도 여리여리하지 않은가? 그래서 로션을 바를 때 너무 세게 문지르면 안 된다. 가볍게 쓰다듬는 정도의 세기로 발라주는 것이 좋다. 아이가 아내의 배 속에 있을 때 배를 문지르는 것처럼 말이다.

요즘은 베이비파우더보다는 그와 같은 역할을 하는 발진크림을 사용하기도 한다. 발진크림은 겨드랑이나 사타구니처럼 살이 접히는 부분에 발라준다. 그러면 땀띠와 피부 발진에 도움이 된다. 그러고 나서 몸 전체에 로션을 발라주면 된다. 얼굴은 로션을 바르고 난 뒤 보습을 유지하도록 수딩크림을 발라주기도 한다.

마지막으로 목욕을 마친 아이에게 기저귀를 채워준다. 그리고 신생아의 경우는 배냇저고리를 입히고 속싸개를 해준다. 배냇저고리를 탈피한 아이의 경우 내복을 입혀주면 된다. 이로써 아기 목욕시키는 과정은 끝났다. 아이 목욕은 최대한 신속하게 해야 한다. 계속 언급했듯이 아이는 체온을 스스로 유지하지 못하기 때문이다. 우리 부부의 아이 목욕 시간은 옷 입히는 것까지 15분 정도에 마쳤다. 체온 유지를 위해서 부모가 빠르게 움직여야 하는 것이다.

여러분이 아이 목욕시키기에 성공하길 바라며 몇 가지 꿀팁을 알려주려고 한다. 코 속에 이물질이 있을 경우에는 먼저 콧구멍 입구에 물을 살짝 묻혀 이물질을 불려준다. 그러면 아이가 재채기를 할 것이다. 재채기를 하면 코 속 이물질이 나오게 된다.

재채기를 하지 않으면 어떻게 해야 할까? 목욕이 끝나고 아기 전용 면봉으로 코 속 이물질을 제거해주면 된다. 그러니까 재채기를 하지 않는다고 해서 물을 계속 넣지 말자. 물놀이를 하다 코로 물이 들어가본 적 있다면 그 느낌이 어떤지 알 것이다.

아이를 씻기는 바디워시는 보통 샴푸처럼 사용한다. 바디워시 하나로 머리까지 감기는 것이다. 이것은 제품에 따라 다를 수 있으니 참고하도록 하자.

아이의 몸을 씻기기 위해 욕조에 넣을 때는 물에 적응을 시켜줘야 한다. 적응시키는 방법은 아이를 욕조에 넣기 직전 아이의 발을 물에 살짝 담갔다 빼주면 된다. 이것을 2~3회 반복한 후 넣으면 된다. 욕조에 넣고 난 뒤에도 체온 유지를 위해 지속적으로 물을 끼얹어주어야 한다.

자, 이제 당신은 아이를 성공적으로 목욕시킬 수 있다. 가장 힘들다고 생각하는 목욕을 혼자 할 수도 있을 것이다. 목욕을 통해 아이와 스킨십을 늘리고 더 가까워질 수 있다. 아내와 번갈아가면서 목욕하는 것도 추천한다. 그보다 나는 아빠가 목욕시킬 것을 권한다.

아이는 거의 온종일 엄마와 스킨십을 한다. 아빠도 그런 시간을 가져야 하지 않을까?

6

생후 3개월까지 아빠 놀이 시간!

/

끊임없이 격려하고 지원하라.
－파블로 피카소

언제부터 놀아줄 수 있을까?

아이와의 놀이는 언제 어떻게 시작하는 것이 좋을까?

아이와 놀이를 할 때에는 성장 발달 단계를 먼저 공부해야 한다. 생후 1개월이 될 때까지의 신생아들은 사실상 장난감을 가지고 놀 수 없다. 손에 힘이 없고 시력도 완전히 발달되지 않았기 때문이다. 그렇다면 어떻게 놀아주어야 할까?

나는 이 시기에 아이와 놀아주는 방법으로 3가지를 선택했다. 바로 '동화책 읽어주기, 베이비 마사지, 물놀이'이다.

먼저 동화책 읽어주기는 아이에게 목소리를 통해 청각과 정서를 발달시키는 것이다. 소리를 들려줄 때 너무 큰 소리를 내는 것은 아이의 청력에 악영향을 줄 수 있다. 그래서 나긋한 아빠의 중저음으로 동화책을 읽어주는 것이다. 그리고 아빠의 목소리를 들려줌으로써 정서적으로 안정을 찾게 할 수도 있다. 옆에서 동화책을 읽어주는 사람이 아빠라는 것을 인지할 수 있게 된다. 이보다 더 성장했을 때 아빠의 목소리를 구분할 수 있게 되는 것이다.

다음은 베이비 마사지를 통한 촉감 발달과 유대감 형성이다. 보통 베이비 마사지는 아이가 목욕 후 로션을 발라주며 하게 된다. 하지만 나는 이것을 이용해 아이와 스킨십을 했다. 사실 스킨십을 통해 유대감을 형성하는 것이 목적이었다. 이때 주의할 점은 어루만지듯 문질러주어야 한다는 것이다. 어른들을 마사지하듯 센 힘으로 마사지하면 아이가 다칠 수 있기 때문이다. 이처럼 베이비 마사지를 하는 것은 아이와 유대감을 쌓을 수 있는 가장 좋은 놀이인 셈이다.

마지막으로 물놀이이다. 100일도 되지 않은 신생아에게 무슨 물놀이를 시킨다는 것인지 의아할 수 있다. 하지만 요즘에는 아이들을 위한 소형 풀장과 튜브를 세트로 판매한다. 우리 부부는 아이가 집에서 물놀이를 할 수 있도록 풀장에 바람을 넣어 부풀린 후 물을 채워 넣었다. 아이에게는 아기용 튜브를 목에 감아주었다. 그리고 아이를 풀장 안으로 조심스레 옮겨 넣었다. 이때 주의할 점은 아이가 체온 유지가 어려우니 물 온도를 목욕할 때와 동일하게 맞춰주어야 한다.

우리 아이는 처음 욕조에서 아내와 물놀이를 한 적이 있었다. 그때 너무 좋아해서 물을 좋아하는 아이라고 생각했다. 하지만 풀장에서는 혼자 그런 것인지 얼마 지나지 않아 울음을 터뜨렸다. 물을 싫어하는 것은 아니었지만 혼자하는 것을 무서워 한다면 함께하는 것을 추천한다.

몸으로 익히는 놀이

우리 아이는 산후조리원에서도 목을 조금씩 가누기 시작했다. 그래서인지 다른 아이들보다 더 빨리 터미타임을 할 수 있었다. 보통 3~4개월이 되어야 시작한다는 터미타임을 한 것이다. 터미타임은 아이의 상체를 일으키는 힘을 길러주기 위해 엎드려놓는 것을 말한다.

빠르면 생후 1개월이 조금 지난 생후 50일 정도 되면 터미타임을 하는 아이도 있다. 당신의 아이가 이제야 목을 가눈다면 무리해서 터미타임을 할 필요는 없다. 아이가 목을 가누는 시기에 시작해도 늦지 않다. 터미타임을 할 때는 아이를 항상 예의 주시할 수 있는 상황에서 하는 것이 좋다. 아이가 땅에 얼굴을 묻으면 숨을 쉬기 어려운 상황이 발생할 수 있기 때문이다.

나는 허리가 다친 상태였다. 그래서 아이를 안고 오래 서 있기가 힘들었다. 아이를 안고 이리저리 다니고 싶었다. 하지만 아이를 안았을 때는 대부분 소파나 벽에 기대었다. 그것도 잠시뿐이었다. 오래도록 아이를 안고 있고 싶어 생각한 방법이 터미타임이었던 것이다.

아이가 본격적으로 목을 가누기 시작한 후부터 아이를 안고 그대로 누웠다. 처음에는 낑낑거리는 소리를 냈다. 힘들어서 내는 소리였다. 그래서 너무 오래하지 않았다. 처음에는 1분 이내로 했다. 10초 단위로 1분까지 늘린 후 분 단위로 시간을 늘려갔다.

터미타임을 매일 하니 아이도 금세 혼자 엎드려 있을 수 있게 되었다. 매일 누워서 세상을 보다가 엎드려 세상을 보니 신기했나 보다. 터미타임을 할 때는 고개를 좌우로 돌리는 모습이 얼마나 사랑스러운지 겪어보지 않으면 모른다.

나처럼 부모의 몸 위에서 터미타임을 할 때의 주의할 점이 있다. 당연한 이야기지만 아이가 떨어지지 않게 항상 잡아야 한다는 것이다. 그리고 아이가 힘들어하면 그만해야 한다. 아이가 힘들어하면 놀이가 아니기 때문이다.

생후 2개월에 접어든 아이는 호기심이 많아진다. 이 시기에 아이들은 시력이 더 좋아져 사물을 더 명확히 인지할 수 있다. 그러면서 자신의 신체인 손에도 관심을 갖는다. 아마도 이 시기 아이들은 자신의 손을 빨기 시작할 것이다. 자신의 몸의 일부여서라기보다는 호기심으로 인해 빨게 된다. 손을 빨면서 자신의 손이 사물이 아니고 몸의 일부라는 것을 알게 되는 것이다. 그렇게 계속해서 손을 움직이고 주변 물건을 입으로 가지고 간다. 그렇게 아이는 사물을 알아가는 것이다.

손을 혼자 움직이게 되면서 할 수 있는 놀이가 다양해진다. 가지고 놀 수 있는 장난감도 늘어난다. 부모가 아니더라도 들어보았을 것이다. 딸랑이, 치발기라는 단어를 말이다.

딸랑이는 방울을 인형이나 장난감 안에 넣어 딸랑거리는 소리가 나게 되는 것이다. 치발기는 보통 아이에게 이가 나려고 입이 간질거릴 때 사용하는 것으로 말랑말랑한 재질로 되어 아이가 입에 넣고 놀기에 좋다. 이런 장난감들은 매일 세척을 해주어야 위생적이다. 주 1~2회 정도는 열탕 소독을 해주는 것이 위생을 위해 좋다.

음악 소리가 나오는 장난감도 좋다. 단, 너무 큰 소리가 나지 않도록 해주어야 한다. 청각이 손상될 수 있기 때문이다. 아이의 신체는 성장하는 단계이므로 놀이를 할 때 주의가 필요하다.

나는 될 수 있으면 아이의 오감이 나와 아내가 함께 놀면서 발달했으면 했다. 그래서 아이의 촉각을 자극시키기 위해 얼굴이나 주변 사물을 만지게 해주었다. 아내는 시각 발달을 위해 거울 놀이를 더 자주 해주었다. 청각을 발달시키기 위해 동요를 직접 불러주기도 했다. 그리고 감탄사를 하거나 장난감이나 동물 소리를 흉내 내기도 했다.

이 시기에는 아이를 눕혀놓고 장난감만 쥐어주면 혼자서도 한참 동안 놀 수 있다. 아빠, 엄마의 여유 시간이 조금은 보장이 되는 때이기도 하다. 그래도 아이를 너무 혼자 두지는 말자. 아이는 당신의 사랑을 받고 자라야 하는 존재이기 때문이다.

생후 3개월 즈음 아이가 몸을 뒤집으려고 할 것이다. 눕혀놓으면 몸을 좌우로 굴리며 엎드리기 위해 안간 힘을 쓴다. 안간 힘을 쓸 때 살짝 도와주어 성공하면 금세 뒤집기를 할 것이다. '줄탁동시'라는 말도 있지 않은가? 병아리가 알을 깨고 나오려고 할 때 암탉은 알 밖에서 껍질을 쪼아 함께 깨뜨려 도와준다는 뜻이다.

빨리 뒤집는 것이 좋은 것만은 아니다. 이때는 가드가 있는 침대에 눕히거나 바닥에 매트를 깔고 눕혀야 한다. 아이가 침대에서 뒤집기를 하다 떨어질 수도 있다. 딱딱한 바닥에서는 뒤집기를 하다가 바닥에 머리를 부딪치게 될 수도 있으니 주의하도록 하자.

이 시기에 아이와 할 수 있는 놀이는 촉감 놀이이다. 아이가 손을 자유자재로 쓸 수 있게 된다. 그리고 눈에 보이는 모든 것을 손으로 잡으려 한다. 우리 부모님이 우리가 어릴 적 많이 해주신 놀이가 있다. 짝짜

꿍 놀이, 곤지곤지 놀이, 쬠쬠 놀이이다. 이것을 알려주고 함께할 수 있다. 유튜브 채널 '아빠육아tv'에 육아 일상을 담은 영상에 포함되어 있으니 참고하길 바란다.

지금까지 아이가 생후 3개월까지 성장하면서 함께했던 놀이에 대해 설명했다. 하지만 아이마다 성장 속도가 다를 수 있다. 이 점을 참고만 하길 바란다. 그래서 중요한 것이 바로 월령별 성장 발달 사항이다.

아빠들은 아이의 성장 발달에 대한 공부가 필요하다. 그래야 아이의 성장에 도움이 되는 놀이를 해줄 수 있을 것이다. 아이와 더 재밌고 유익하게 놀아주려는 아빠라면 꼭 육아 공부를 하기를 바란다.

육아 정보를 얻기 좋은 사이트 or 모임

맘톡 : https://www.momtalk.kr/

– 부모들이 직접 글을 게시하며 임신, 출산, 육아 정보를 공유하는 사이트이다.

맘초 : https://www.momcho.co.kr/

– 산후조리원을 지역별, 가격대별로 비교할 수 있는 사이트이다.

100인의 아빠단 네이버카페 : https://cafe.naver.com/motherplusall

– 보건복지부에서 운영하는 100인의 아빠단 네이버 카페이다.

유튜브 채널 '해피홈트' : https://youtu.be/FivzZhRRfqQ

– 요가 전문 채널이며 임산부 요가가 포함되어 있는 채널이다.

유튜브 채널 '안전한TV' : https://www.youtube.com/user/nemakorea/featured

– 혹시나 발생할 수 있는 사고에 대비할 수 있는 방법에 알리기 위해 행정안전부에서 운영하는 채널이다. 이 채널에서는 영유아 안전에 대한 대처 방법도 포함되어 있다.

7

직장인 아빠,
일인가 육아인가?

/

한 방향으로 깊이 사랑하면 다른 모든 방향으로의 사랑도 깊어진다.
- 안네 소피스웨친

직장에서는 찾을 수 없는 보람

"여보, 나 이제 퇴사… 아니, 퇴근해."

나는 아이가 태어나고 매일 육아만 하고 싶었다. 외벌이를 하는 나는 휴직을 상상조차 할 수 없었다. 물론 아내가 가끔 일을 하며 번 돈을 생활비에 보태기도 했다. 이런 상황에서 내가 퇴사를 한다는 것은 당연히 생각하지도 못하는 것이다. 그럼에도 하루에 수십 번 퇴사를 생각했다.

일과 육아 둘 중 하나만 할 수도 없는 노릇이다. 일을 선택하면 아이가 깨어 있는 시간에 퇴근하기에 벅차다. 그렇다고 아이와의 시간을 선택한다면 직장 일에 소홀하게 된다. 직장 사람들은 내가 직장 다니며 일하는 게 가족을 위한 것이라는 얘기를 한다. 하지만 나는 그 말에 반대한다. 가족이 있어야 일을 해도 보람이 있다고 생각한다.

1년 전 일을 하다가 허리 디스크가 터졌고 곧이어 아이가 태어났다. 그때에는 치료를 받은 다음 날에는 버틸 만했다. 그래서 이를 악물고 견디며 어떻게든 가장의 역할에 최선을 다했다. 하지만 집에서는 가장보다는 환자였다. 아이를 떨어뜨릴 뻔하고 충격을 받았다. 그래도 쉬지 못하고 버텨야 했다. 아내도 산후조리를 제대로 하지 못해 힘들어하던 때였다.

업무 시간 동안 현장에서 있는 시간이 지옥이었다. 현장을 다닐 때에는 안전 보호구를 착용해야 했다. 하지만 그것들을 착용하면 몸을 가만히 둘 수 없을 정도로 통증이 몰려왔다. 그렇게 1년 정도 치료를 받으며 버텨냈다. 처음보다 많이 좋아지기도 했지만 최근에 허리 디스크가 재발했다. 디스크가 다시 터지는 느낌이 들었던 당시에는 '이렇게 사는 게 맞을까?' 라는 생각까지 했다. 더 이상은 안 되겠다는 생각이 들었다. 어차피 내가 아픈 것을 알아주지 않는 직장 눈치 보다가 내 몸뿐 아니라 인생 전체가 망가질 것 같았다.

업무를 변경하려고 면담을 했다. 하지만 내가 속한 부서에는 현장을 나가지 않는 업무는 없었다. 우여곡절 끝에 업무가 현장 위주에서 사무 위주로 변경되었다.

면담 후 아픈 몸 때문에 받는 스트레스는 이전보다 커졌다. 병원 치료로 빨리 퇴근하는 것에 대해 앞에서는 걱정해주었지만 뒤에서 욕을 했던 것이다. 병원 진료 시간에 맞춰 나간다고 양해를 구했다. 하지만 어떤 날은 급한 업무를 처리하느라 늦어져 치료를 받지 못하는 경우도 있었다.

나는 직장인이기 때문에 회사 생각을 하지 않을 수 없다. 그래서 병원 치료하는 날에는 업무를 최소화한다. 다른 사람에게 업무를 미루기 싫은 성격이기 때문이다. 하지만 결과적으로 일하지 않는 사람 취급을 받았다. 의욕이 상실되었다. 단지 시킨 일을 하다 다친 후배에게 한 번도 진심을 다해 걱정해준 적 없다는 것이 충격이었다. 회사 입장도 이해가 가지 않는 것은 아니다. 하지만 그 시간에 아이와 시간이라도 보냈으면 어땠을까 생각한다. 그래서 그런 억울한 일이 있은 후 나는 바보같이 살지 않기로 결심했다. 가정에라도 도움이 되는 사람이 되기로 한 것이다.

정말 내가 건강하던 때 회사에 쏟은 열정과 노력으로 사업을 했다면 벌써 성공했을 것이다. 단지 회사에 다니기 싫은 이유가 아니었다. 회사를 위해 노력한 것에 대한 보상으로 보람을 느끼고 싶었을 뿐이다.

이처럼 직장에서는 크고 작은 일에 스트레스라는 것을 받는다. 하지만 나의 경우는 가족들과 보내는 시간이 더없이 행복하다. 아내가 주말에 일을 나가던 날 독박 육아를 할 때에도 행복하기만 했다. 육아를 하면 보람이라는 보상이 주어지기 때문이다.

마음이 육아에 꽂히다

나는 무언가에 꽂히면 다른 것에 신경을 잘 쓰지 못한다. 그것이 직장에서는 업무였다. 업무가 많기도 했지만 일 처리를 빨리 하고 퇴근해야 속이 후련했다. 그래서 업무 시간에는 소위 말하는 개처럼 일했다. 그렇게 현장 업무에 대응하다 보면 퇴근 시간이 가까워졌다.

그제야 사무실에 복귀해서 사무 업무를 정리한다. 퇴근 시간이 다 되었는데 자료 취합 업무가 떨어지기도 했다. 그렇게 하루가 멀다 하고 야근의 연속이었다. 퇴근 후에도 전화가 오면 다 받으며 대응하기도 했다. 휴가 때도 마찬가지였다.

당연히 집에 가면 아이는 잠들어 있었다. 그래서 평일에는 거의 아이와의 시간을 보내지 못했다. 나는 그렇게 일하는 것이 책임감이라고 합리화하며 살았다. 아이에게는 전혀 책임감 있는 모습이 아니었다. 아빠라고 하는 사람은 주말에만 겨우 얼굴을 본다. 그것도 몸이 아파서 맘껏 안아주지도 못한다. 얼마나 책임감 없는 모습인가? 일을 해도 눈에 보이는 실적을 못 내는데 집에서도 아빠 노릇을 제대로 못 하는 것이다. 그래서 나는 건강을 챙기고 가족을 챙기는 가장이 되기로 마음먹었다.

직장인들은 대부분 직장에서 내가 마음먹은 대로 일하기 힘들다. 내가 만든 회사가 아니기 때문이다. 몸은 몸대로 힘들고 스트레스도 받는다. 물론 월급을 받으니 그만큼은 해주어야 한다. 하지만 직장 생활 외의 삶은 보장되어야 한다고 생각한다.

나는 직장 밖으로 나오면 가족들을 위한 가장이 되려고 특별한 일이 있지 않는 한 스마트폰을 무음으로 설정한다. 방해받지 않고 온전히 가족에게 집중하기 위해서다. 다음 날 왜 연락이 안 되냐고 욕을 먹는 한이 있더라도 말이다.

대부분의 아빠들처럼 나도 아이와 함께하는 시간이 너무나 행복하다. 아이가 소리를 꽥꽥 질러도 좋다. 아이가 온 집안을 어질러도 좋다. 정말 건강하지 못한 몸뚱이만 아니면 24시간 아이와 함께 있어도 행복할 것 같다. '아이에게 잘해줘 봤자 나중에 결혼하면 쳐다보지도 않는다.'라고 얘기하는 사람도 있다. 그런 사람들에게 묻고 싶다.

"직장은 당신이 죽을 때까지 월급을 주나요?"

나와는 반대로 직장 생활이 더 좋다는 아빠들도 있을 것이다. 사실 직장보다는 직장 사람들과 어울리는 게 좋을 것이다. 또는 생계를 위해 어쩔 수 없는 사람일 것이다. 그래서 그들은 '일을 해서 돈을 벌어야 가정이 행복하다.'라고 핑계를 댈 것이다. 그렇게 아빠가 사회생활을 하느라 가족과 멀어지고 있다는 것을 알지 못한다. 하지만 방법은 어디서든 찾을 수 있다.

정말 가족의 생계를 위해 24시간 내내 쪽잠을 자며 일하는 아빠들도 있을 것이다. 하지만 정말 아이와 가족을 위한다면 그것이 좋은 것일지 생각해보자. 1시간 일해서 만 원을 버는 일이라면 다른 일을 알아보도록 하자. 가정과 육아에 시간을 더 투자하길 권한다. 이왕 인생을 투자할 것이라면 사랑하는 사람을 위해 투자하는 편이 낫지 않을까 생각한다.

일과 육아 둘 중 어떤 것을 선택해야 할지 아직도 결정을 못했는가? 그렇다면 어떤 것에 더 큰 가치가 있는지 생각해보자. 그러면 금방 결론에 도달할 것이다. 나는 육아에 더 가치가 있다고 결론 내렸다. 그리고 가정에 더 충실한 아빠가 되는 방법만 생각한다.

8

아빠도 주말에 가끔은 독박 육아

/

우리는 오로지 사랑을 함으로써 사랑을 배울 수 있다.
- 아이리스 머독

주말 독박 육아는 최고의 경험

대부분의 직장인들은 고단한 평일을 살아내고 여유롭고 행복한 주말을 맞이한다. 그렇다면 직장 생활을 하는 아빠들의 주말은 어떨까?

나는 아빠가 주말이라도 독박 육아를 경험해볼 것을 권한다. 아빠가 육아를 함으로써 얻는 것이 많다고 생각하기 때문이다.

먼저 아빠가 독박 육아를 결심하면 아내는 잠시라도 자유를 만끽할 수 있다. 아내는 친구들과 약속을 잡는 순간 행복해할 것이다. 그리고 설레는 마음을 가지게 될 것이다. 친구들을 만나서 수다를 떨며 커피를 한잔 해도 여유로움을 느낄 것이다. 그렇게 육아 스트레스에서 잠시나마 벗어날 수 있는 것이다. 이렇게 스트레스를 풀고 집에 돌아온 아내는 아이를 평소보다 더 소중히 생각하게 될 것이다. 아내의 행복한 모습을 아이가 보게 된다면 더 사랑받는다는 느낌을 받을 수 있을 것이다. 결국 가족이 모두 행복함을 느끼게 되는 것이다.

아빠인 당신은 아이와 단둘이 함께하며 애정이 쌓이게 된다. 아내가 없으면 아이는 잠시 보채거나 대성통곡을 할 수 있다. 하지만 이내 울음을 그치고 아빠에게 의지하게 될 것이다. 아내가 자리를 비운 사이 아이가 의지할 사람은 당신뿐이기 때문이다.

독박 육아는 당신이 아내의 빈자리를 채워줄 수 있게 할 것이다. 한 주간 쌓인 피로에도 당연히 아이와 함께하게 될 것이다. 아이의 분유나 이유식을 챙겨주기도 하고 기저귀를 갈아주게 될 것이다. 낮잠도 재워주게 된다. 저녁에는 아이의 목욕도 하게 될 것이다. 그렇게 아이를 먹이는 것부터 재우는 것까지 경험하게 된다. 그것을 통해 아이와의 스킨십을 하게 된다. 더욱 아이와 가까워지게 된다. 그리고 아이가 당신에게 의지하는 경험을 하게 될 것이다.

하루 온종일 아이와 함께하는 경험을 통해 아내의 마음을 헤아릴 수도 있게 된다. 그리고 자연스럽게 아내와 함께 육아를 하게 될 것이다.

나의 첫 독박 육아는 아내가 첫 외출한 주말에 시작됐다. 처음으로 아내는 친구들과 외박을 할 수 있었다. 아내는 불안했는지 나에게 아이의 하루 패턴을 알려주었다. 아내가 내게 준 메모에는 아이가 분유를 먹는 시간과 수유량이 적혀 있었다. 그리고 잠은 몇 시에 재워야 하는지 적혀 있었다. 나도 독박 육아가 처음이니 아내가 메모해준 대로 따라 했다. 아이의 생활 패턴이 바뀌면 아이도 부모도 힘들다는 것을 알고 있었기 때문이었다.

나는 걱정하는 아내를 안심시켰다. 그리고 마음껏 스트레스를 풀고 오라고 말해주었다. 큰맘먹은 외박이었다. 아내가 신경을 잠시 꺼두도록 만드는 것은 아빠인 나의 몫이었다.

메모를 보고 그대로 하기만 하면 되었기에 불안하지 않았다. 오히려 자신감으로 가득 찼다. 메모에 적혀 있는 때에 맞춰 분유를 먹이고 잠도 재웠다. 메모에 적힌 시간 외에는 아이와 함께 놀아주었다.

온종일 혼자 육아를 하다 보면 지칠 수도 있다. 육아를 일보다 더 즐겼던 나였기에 가능했을 수도 있다. 하지만 아이에 대한 애정이 더 크기 때문에 가능했던 것이다. 그렇게 나는 사랑하는 아이와의 첫 독박 육아를 성공적으로 해냈다.

나는 처음으로 독박 육아를 할 때쯤 유튜브를 시작했다. 그래서 나는 영상을 찍으며 독박 육아를 즐겼다. 마치 KBS2TV에서 방영되는 〈슈퍼맨이 돌아왔다〉를 촬영하는 기분이었다.

나는 유튜브에 업로드할 영상을 찍는 것으로 더 큰 동기 부여를 했다. 독박 육아가 힘들다면 나처럼 동기 부여를 해줄 수 있는 수단이라도 만들어보는 것을 추천한다. 더 즐거운 육아를 할 수 있을 것이다.

그날 이후 아내가 일을 하러 집을 나선 주말에는 독박 육아를 했다. 유난히 피곤한 주말이 있기는 했다. 하지만 독박 육아를 한 번 경험하니 더욱 자신감이 넘쳤다. 심지어 여유까지 생겼다. 그래서 아이를 낮잠 재우고 취미 생활인 독서를 즐기기도 했다. 아이를 재우고 취미 생활을 즐기는 짜릿함은 경험하지 못한 사람은 모를 것이다.

그날도 어김없이 아이와의 모든 시간을 보내고 정해진 시간에 아이를 재웠다. 시계를 보니 정확히 밤 9시였다. 그때부터 못다 한 집 정리를 했다. 아이가 가지고 놀던 장난감을 정리했다. 분유를 먹였던 젖병까지 설거지한 후에 진정한 나만의 시간이 시작되었다.

일 때문에 퇴근이 늦는 날에는 늘 생각했던 육아 휴직을 쓰고 싶었다. 육아 휴직이라도 써서 아이와 매일 함께하고 싶었던 것이다. 육아에 여유가 생기고 노하우가 생기니 더욱 재미를 느꼈다. 인생 최대의 보람을 맛보기도 했다. 무엇보다 아이와 가까워졌다는 느낌을 받았다. 이보다 좋은 때가 있었을까 싶은 정도이다.

아이와 함께하며 '나'를 찾다

아빠는 직장에 다녀도 육아를 해야 한다. 엄마 또한 마찬가지이다. 평일에 함께하는 시간이 부족하다면 주말을 아이와 함께하는 것이다. 퇴근 후에도 육아를 하는데 주말까지 하면 언제 쉬냐고 물을 수도 있다. 하지만 의외로 육아를 하면서 쉴 수 있는 시간은 많다. 내가 긍정적인 탓일 수는 있다. 하지만 육아가 체질이어서 그런 것은 결코 아닐 것이다.

나도 당신과 같은 사람이다. 그리고 직장 생활을 하는 아빠다. 다만 나는 회사에서의 휴식 시간보다 육아를 하면서 쉬는 시간이 더 많았다. 내가 경험한 육아에서는 사실이다. 이 시대의 직장인 아빠도 주말 육아를 해보자. 단순히 소파나 침대와 한 몸이 되어 쉬는 것보다 낫다. 혼자 여가 시간을 즐기는 것보다는 더 값진 시간이 생길 것이다.

나는 직장 생활을 하며 꿈을 잃어가고 있었다. 초등학생 때부터 나는 모든 사람에게 웃음을 주고 싶어 했다. 그리고 그것이 나의 소명이라고 생각하고 시련이 올 때마다 이겨냈다. 항상 밝은 웃음으로 사람들을 대했다. 몸이 좋지 않아도 소명이라고 생각하니 웃음이 나왔다. 하지만 꿈을 잃어가며 웃음은 점점 사라졌다.

아이가 생겼다. 아이에게 어떤 아빠가 되어야 할지에 대해 고민했다. 그렇게 고민을 하면서 잃어가고 있던 나의 꿈을 되찾게 되었다. 아이를 위해 처음 시집을 내기 위해 글쓰기를 시작했다. 임신한 아내의 곁을 지키며 내 감정을 글로 옮겼다. 산부인과에서 임신한 엄마들에게 우울증 예방을 위한 글쓰기 강의도 하면 좋겠다고 생각했다. 글을 쓰며 우울함을 극복하면 행복할 수 있을 것 같았다. 덤으로 아이가 자랐을 때 엄마의 감정도 전할 수 있기 때문에 육아에도 도움이 된다고 생각했다.

유튜브를 시작했다. 처음에는 나와 같은 처지의 남자들을 위해 '30대', '직장인', '육아 대디'를 콘셉트로 정했다. 지금은 채널의 콘셉트를 '아빠육아'로 단일화했다. 내가 즐길 수 있는 육아를 주제로 책도 쓰고 유튜브 채널도 운영하게 된다.

아빠 육아라는 콘셉트를 정하여 유튜브 영상을 업로드 하며 사람들에게 행복한 웃음을 줄 수 있다고 상상하니 내 꿈에 대한 확신이 생겼다.

나의 꿈을 되찾은 것은 아이 때문이었다. 하지만 꿈을 이루는 것은 〈한책협〉의 김태광 대표코치님과 권동희 회장님을 만나 가능해졌다. 내가 즐길 수 있는 아빠 육아를 책과 유튜브의 주제로 정해주셨기 때문이다. 현재는 나의 꿈이 이뤄지고 있다. 아이와 함께하는 시간이 더욱 즐거워진 것이다.

아이가 태어나기 전 아빠들은 주말만 바라보고 일을 할 것이다. 출근하지 않는 주말에는 여가 시간을 즐길 수 있기 때문이다. 집에서 하루 종일 시간을 보낼 수도 있다. 그야말로 자유 시간이다. 하지만 아이가 태어나면 주말을 육아로 보내게 되는 경우가 대부분이다. 퇴근 후의 시간만 사라지는 것이 아니다.

5장

아빠가 함께하는
육아, 행복한 육아!

1

육아는 돕는 것이 아니라
함께하는 것이다

/

믿기 어렵겠지만, 활발하게 자녀 양육에 동참하는 남성일수록
가정적으로나 사회적으로 성공할 가능성이 높습니다.
- 아민 A.브롯

이제는 아빠 육아를 해야만 한다

요즘 인터넷이나 SNS에 보면 '아들 바보', '딸 바보'라는 말을 쉽게 찾아볼 수 있다. 그만큼 아이들에 대한 애정이 넘쳐나는 것이다. 이런 시대에 살면서 아빠 육아는 다른 집 얘기라고만 생각하는가?

우리의 아버지 세대에는 무조건 돈만 벌어다 주면 된다고 생각했던 시절이었다. 그래서 돈을 벌어오기만 하면 가장의 역할이 끝났다고 생각했을 것이다. 아마 보고 배우며 자란 환경 속에서도 아빠 육아는 존재하기가 어려웠을 것이다. 그렇다면 요즘의 아빠들은 어떨까?

대부분의 아빠는 우리 아버지 세대와 같이 직장 생활에 지쳐 있을 것이다. 하지만 그때보다는 사회적 시선이 점점 아빠 육아를 권하고 있다. 육아 휴직 제도를 사용하는 아빠들이 늘어나고 있다. 그리고 엄마들이 일하러 밖으로 나간다. 아빠들이 육아와 가사를 하려고 일을 그만두는 것이다. 이제 더 이상 엄마만 아이를 양육하는 세상이 아니라는 뜻이다.

나도 직장인이다. 평일에는 퇴근하고 육아를 한다. 아내가 일하기 위해 외출을 하는 주말이면 육아는 오롯이 내 몫이다. 하지만 나는 지금 시대에서는 당연하다고 생각한다. 그리고 육아를 하는 것이 주말에 출근하는 것보다 좋다. 주말에 출근해서 일하면 실적은 낼 수 있다. 하지만 그만큼 아이가 성장하는 모습을 놓치게 된다. 그리고 가족과 함께하는 시간이 줄어든다. 내 삶의 우선순위가 가족에게 있어서 그럴 수도 있다. 하지만 나는 '내가 있어야 가족이 있고 가족이 있어야 일해도 보람이 있다.'라고 생각한다. 회사 일을 하며 다친 나에게는 가족만큼 힘이 되는 것이 없다. 그래서 나는 오늘도 가족과 함께한다.

나는 아빠들이 인기리에 종방한 MBC 예능프로그램 〈아빠 어디가〉처럼 아이들과 함께 여행을 해보는 것도 추천한다. 이때에는 틈틈이 영상도 촬영해보자. 아빠와 함께하는 여행을 남긴다면 아이들에게도 소중한 추억이 될 것이다. 물론 아빠에게는 성장의 기회가 될 것이다.

독박 육아를 하며 성장을 이룰 수 있었다. 아이의 생활 패턴과 생활 습관을 알게 되었다. 아이가 성장하며 보여주는 새로운 모습도 눈에 보였다. '내가 그동안 소홀했구나.'라는 반성을 하게 되었다. 그리고 '평일에 내가 늦게 퇴근하면 독박 육아를 하는 아내가 많이 고단했겠다.'라는 생각도 들었다. 그때부터 나는 육아는 함께하는 것이라고 제대로 생각하게 되었다.

나에게 육아보다 주말에 출근하는 것이 더 낫다고 생각될 것이라고 말하는 사람이 있었다. 하지만 나는 아직도 그 말에 동의할 수 없다. 육아가 일보다 보람을 느끼는 것이 더 크기 때문이다. 아이가 여러 명이라도 생각하기 나름 아닐까?

사회생활을 하면서는 경쟁을 해야 한다. 그에 반해 육아는 경쟁이 없다. 물론 나중에 아이가 공부를 시작하면 경쟁이 있을 수 있다. 하지만 나는 아이에게 경쟁보다는 꿈을 먼저 심어주고 싶다.

아빠 육아는 아이에게 꿈을 꾸게 하는 원동력이 될 수 있다. 아빠가 꿈을 꾸고 이루고자 노력하는 모습은 아이에게 좋은 교보재가 될 수 있다. '솔선수범 육아법'을 기억한다면 말이다.

육아를 돕는다는 생각은 버려라

육아를 돕는 것과 함께하는 것의 차이는 분명하다. 돕는 것은 남의 일을 잘되도록 힘을 보태는 것이다. 함께하는 것은 동일한 뜻을 가지는 것이 그 의미이다.

육아를 돕는다고 생각하는 사람은 아이보다는 다른 일에 우선순위를 두게 될 확률이 많다. 사람은 두 마리 토끼를 동시에 잡는다는 것이 현실적으로 불가능하기 때문이다. 당신이 회사의 임원이 되었다고 가정해보자. 회사에서 실적을 내야 한다. 그래야 더 오랜 기간 회사에 다닐 수 있기 때문이다. 이처럼 회사에서 실적을 내기 위해 밤낮없이 일해야 한다. 당연히 가정보다는 회사 일에 더 매진할 수밖에 없게 되는 것이다.

그렇다면 육아를 함께한다고 생각하는 사람은 어떨까? 아내와 함께 아이의 꿈을 도울 수 있을 것이다. 혹은 아이가 목표로 한 꿈을 키워주는 데에 관심을 갖게 될 것이다. 잔소리하라는 것은 아니다. 아이와 함께 진심으로 고민하고 아이도 부모의 생각을 참고하도록 하는 것이다.

부모와 자식 관계에서도 유대감이 형성되어 있어야 한다. 서로의 의견을 받아들이고 존중하기 위해서이다. 그렇게 하기 위해서는 아이의 어린 시절을 함께 보내야 한다. 주변 지인 중 어린 시절 가족과의 추억이 많은 사람이 있다. 그들 중 대부분이 현재도 유대감이 형성되어 있는 경우가 많다. 그리고 자신의 아이와도 관계가 좋다.

30년차 대학병원 간호사이자 감정 코칭 강연가인 그래 작가의 저서

『기적의 21일 공부법』을 읽다가 공감되는 구절을 찾았다.

"나는 열심히 들어주고 또 들어주었다. 우리는 날마다 공감 대화를 나누었다. 다 커서 독립한 아이들은 요즘은 1~2주에 한 번씩 집에 와 밀린 이야기를 나눈다."

유대감이 없다면 어떻게 이런 일이 가능할까? 어린 시절부터 공감 대화를 했기 때문에 가능한 일인 것이다. 성인이 되어서 갑작스레 부모님께 자신의 이야기를 스스럼없이 나누는 사람은 거의 없을 것이다.

나는 어머니와 어린 시절 대화를 많이 했다. 그래서 지금도 스스럼없이 대화하는 편이다. 하지만 아버지와는 어린 시절부터 대화가 많이 없었다. 그래서 노력은 하지만 아버지와의 대화는 오래가지 못한다.

아버지와 어머니 두 분 모두 나의 꿈을 응원해주셨다. 하지만 시련을 겪을 때 극복하는 방법은 대부분 어머니께 들은 조언을 참고했다. 결혼 생활을 하며 남편과 아빠로서 고민스러웠던 일을 아버지께 조언을 구한 일은 손에 꼽을 정도다.

나의 아버지께서는 가정에 최선을 다했다. 특히 자식인 나와 남동생에게는 더욱 노력하셨다. 다만 아쉬운 점은 어린 시절 추억이 한정되어 있고 대화가 부족했다는 것이다.

유대감을 형성한다는 것은 굉장히 중요한 일이라고 생각한다. 특히 아이를 올바르게 성장시키는 밑거름이라는 생각이다. 부모가 강요하는 것이 아니다. 아이가 고집을 피우는 것도 아니다. 단지 서로의 생각과 고민을 터놓고 이야기하는 것이다. 그래야 아이가 꿈을 이루는 데에 도움을 줄 수 있다.

아이의 성별은 상관이 없다. 부모가 서로 뜻을 맞추고 육아에 함께 임하면 된다. 그러면 아이가 성장하며 고민하는 것에 대해 진심 어린 조언을 할 수 있게 될 것이다. 육아는 절대 돕는다고 생각하면 안 된다. 부모가 함께해야 소중한 아이의 꿈을 지켜줄 수 있는 것이다.

육아는 부부가 함께하는 것이다

아빠와 엄마가 함께 육아를 해야 하는 가장 중요한 이유가 한 가지 있다. 바로 아이의 정서 발달이다. 부부는 서로 완벽하지 않다. 서로 부족한 점이 있다는 것이다. 육아를 할 때도 마찬가지다.

육아를 할 경우에는 부부가 아이의 양육에 대해 한 뜻으로 해야 한다. 예를 들어 아빠는 지성을 중요시하는데 엄마는 감성을 중요시하는 때이다. 아이는 아빠와 엄마 사이에서 혼란이 올 것이다. 이런 혼란은 아이를 정서적으로 불안정하게 만들어 방황하게 만든다.

양육에 있어서는 한 팀이 되어 같은 목표로 아이 양육에 힘쓰기를 바란다. 그럼 아이뿐만 아니라 부모도 함께 성장하게 될 것이다.

2

아이와 아내를 사랑한다면 아빠 육아를 하라

/

아이는 부모에게 사랑받고 존중받고 있다는 느낌을 가질 때 마음을 연다.
- 스펜서 존슨

사랑한다면 아빠 육아하라

'지금은 아빠 육아 시대'라고 해도 과언이 아닐 정도로 아빠 육아 참여
가 나날이 증가한다. 아직도 엄마가 육아해야 아이가 잘 자란다고 생각
하면 오산이다. 아빠도 엄마 못지않은 육아 실력자이다. 다만 육아에 임
하는 자세나 방법이 엄마와 다를 뿐이다. 아이들에게는 아빠도 엄마와
같이 없어서는 안 되는 존재라는 것을 기억하도록 하자.

왜 요즘 아빠들은 직장에 다니면서도 육아를 해야 할까? 엄마보다 육

아를 잘하기 때문일까? 아니다. 엄마 육아의 부족한 점을 아빠 육아로 채워나가는 것이다. 우리의 아이들은 엄마가 필요할 때가 있다. 하지만 분명히 아빠가 필요한 때도 있다.

아이를 훈육할 경우이다. 훈육을 위해 혼을 내고 나서는 왜 혼이 나는지 설명해주어야 한다. 그래야 잘못을 깨닫게 되며 성장하는 것이다. 훈육을 할 때 아빠가 육아에 참여해야 하는 이유가 있다.

예를 들면 아내가 아이가 위험한 행동을 해서 혼을 내며 잘못을 지적하는 경우이다. 이런 경우에 엄마가 혼을 낸 후 이유를 설명해주지 않을 수 있다. 그럴 때 아빠가 나서서 아이에게 엄마가 혼을 낸 이유를 설명해주는 것이다.

아이에게는 좋은 영향을 끼치는 훈육을 해야 한다. 그렇게 하기 위해서는 아빠와 엄마가 서로 부족한 점을 채워줘야 한다. 훈육뿐만 아니라 육아를 하는 모든 것에 필요하다. 아빠 육아를 통해 서로 부족한 점을 채워주길 바란다. 아이는 더 행복하고 건강하게 자랄 수 있을 것이다.

아이는 생후 6개월이 되면서 초기 이유식을 시작했다. 모유가 나오지 않아 분유를 병행해서 먹였다. 수유하지 않게 된 아내는 외출을 결심했다. 내가 육아를 자처하며 그동안 고생한 아내에게 휴가를 선물한 것이다. 아내도 그동안 독박 육아를 하며 많이 지쳐 있었다. 그 모습을 보았기에 큰 결심 없이 결정할 수 있었다.

아내가 외출을 준비하며 행복해하니 나도 덩달아 행복했다. 아이는 첫 외출을 하는 엄마의 모습이 낯설었는지 어리둥절한 표정을 짓기도 했다. 아내를 기차역까지 배웅했다. 아이는 카시트에서 엄마의 휴가를 축복해 주었다. 아내를 배웅하고 집에 돌아왔다. 아이는 기특하게도 나와 단둘이 있는 시간을 재밌게 보내주었다. 엄마가 알면 섭섭할 수도 있다. 하지만 아이도 그동안 고생했던 엄마의 휴가를 허락해주었다고 생각한다.

나와 48시간을 함께한 아이는 엄마가 없으니 아빠인 나에게 의지했다. 그렇게 나와 아이 사이에 유대감이 생기게 된 것이다. 아내가 돌아와서는 아이를 더욱 기쁘게 맞이했다. 당연히 집에는 활기가 돌았다.

나와 같이 아빠 육아를 하는 남자들이 늘었다. 유튜브를 보아도 느낄 수 있다. 그들의 가정 분위기는 항상 활기가 가득하다. 속사정은 자세히 알 수 없다. 하지만 겉으로 보기에 좋은 가정이 실제로 그럴 확률은 적다고 생각한다.

실제 나의 지인 중에는 아빠 육아를 하는 가정도 많다. 엄마 대신 아빠가 어린이집 등하원을 시키기도 한다. 그리고 주말에는 가족과 함께 여행을 가기도 한다.

육아하면 피곤해질 수 있다. 하지만 그만큼의 보상이 주어진다. 아내가 가끔 취미 생활을 즐길 수 있도록 해주는 것이다. 아마도 가정의 평화까지 덤으로 오는 기적을 경험하게 될 것이다.

엄마만 육아하는 가정이라면 어떨까? 아빠가 주말에 취미 생활을 즐기러 나간다고 하면 아내는 아마 정색을 할 것이다. 그리고 곧이어 집 안에는 행복이 아닌 냉기가 가득하게 될지도 모른다. 대체로 그런 분위기 속에서 자라는 아이는 눈치를 보는 아이로 자라는 경우가 많다고 한다. 내 아이를 당당한 아이로 자라게 하기 위해서라도 아빠 육아는 필요하지 않을까?

사랑받으며 자라는 아이로 키워라

나는 내 아이가 사랑받으며 자라길 원했다. 그래서 아내가 아이를 품고 있는 때부터 아이에게 말해주었다.

"태어나고 자라면서 분명 사랑받는 아이가 될 거야."

아이에게 해주는 것만은 아니었다. 나 자신에게도 주문을 걸었던 것이다. 그 말을 아이와 나에게 거의 매일 자기 전에 했다. 그래서인지 나는 아이가 사랑받을 수 있는 환경을 만들어주고자 했다. 그래서 임신이 된 그때부터 방법을 모색했다.

"사랑도 받아본 사람이 베풀 줄도 안다."라는 말을 들은 적이 있다. 그래서 첫 번째로 들었던 생각은 내가 사랑을 듬뿍 주는 것이었다. 부모의 사랑을 받은 아이라면 사랑하는 법을 배우게 될 것이라고 생각했다.

나는 아이가 태어난 후 매일 사랑한다고 말해주었다. 그리고 마주하면 꼭 한 번은 껴안아주었다. 물론 육아를 하면 훈육이 필요할 때가 있다. 위험한 상황이 생긴다면 말이다. 훈육한 뒤에도 껴안고 뽀뽀를 해주었다. 그리고 위험한 상황을 알려준 것이라고 말해주었다. 말을 알아듣지 못하는 때였지만 습관을 들이려고 그랬다.

육아를 하다 보면 지칠 때가 있다. 엄마뿐만 아니라 아빠도 마찬가지다. 하지만 아이 앞에서 내색하지 않았다. 항상 긍정적인 말을 사용하려고 노력했다. 그리고 항상 웃으며 아이를 대했다. 나는 아이가 사랑을 느낄 수 있도록 최선을 다해 육아에 임했다. 이로 인해 한 가지 깨닫게 된 것이 있다. 아빠가 육아하는 것 자체로 아이가 사랑받는 사람이 될 수 있다는 것 말이다. 대부분의 가정에서는 아이에게 가장 가까운 스승이 부모이다. 부모 중 한 사람은 24시간 함께 지낸다. 아이는 항상 함께하는 부모의 말과 행동을 그대로 보고 배우게 되는 것이다. 그렇지 않은 가정이라면 아이와 함께 지내는 사람의 말과 행동을 배우게 된다.

당신이 아이에게 바라는 것이 있다면 육아를 통해 솔선수범하는 모습을 보일 것을 권한다. 당신이 보여주는 말과 행동은 아이에게 교보재가 되기 때문이다. 가장 가까운 스승이 당신이라는 것을 잊지 않도록 하자. 또 아빠가 육아에 참여하여 아이와의 애착 관계를 형성하는 것에 노력을 기울이자. 아빠와 애착 관계가 형성된 아이일수록 또래 사이에서 인기가 많다고 한다. 그리고 엄마와는 다른 육아를 아이가 경험하게 된다. 그렇게 다양한 경험을 하며 성격도 원만해질 수 있다고 한다.

아빠는 가족과 함께하는 시간을 만들어야 한다. 어린 시절부터 가족과 함께하는 시간을 보낸다면 가족 전체가 유대감이 생길 것이다. 그리고 가족에 대한 신뢰가 생길 것이다. 그렇게 된다면 아이는 집 밖에서 있었던 일도 허심탄회하게 털어놓게 될 것이다. 아이가 자라면서 고민을 털어놓는 날이 있을 것이다. 이때 부모는 아빠, 엄마가 아닌 남자, 여자의 입장에서 조언해줄 수도 있을 것이다. 그리고 아이와 함께 고민하고 공감한다면 아이는 더욱 부모를 믿게 될 것이다. 신뢰 속에서 자란 아이는 자존감이 높은 아이로 자라게 될 것이다.

이처럼 아빠가 육아에 참여하는 것은 아이의 성장에도 도움이 된다. 직장 생활을 하는 아빠라면 회식 장소가 아닌 집으로 발걸음을 돌려 가족과 시간을 보내도록 하자.

사랑하는 아이와 아내를 위해 시작한 육아는 결국 아빠에게 긍정적인 영향을 미친다. 이것이 아빠 육아를 권하는 이유이다. 남들이 선뜻 하지 못하는 아빠 육아이다. 그렇다고 당신도 시작도 하지 않고 포기하려고 하는가? 지금도 늦지 않았다. 아내와 아이를 사랑한다면 지금 당장 아빠 육아 하라. 결국 당신에게도 행복이 찾아오게 될 것이다.

가정의 행복은 다름 아닌 아빠에게 달렸다

/

내 자식들이 해주기 바라는 것과 똑같이 네 부모에게 행하라.
- 소크라테스

아빠 육아로 가정의 행복을 지키자

미국 최고의 아빠 육아 전문가 아민 A.브롯은 저서 『초보아빠 육아스쿨』에서 이렇게 말하고 있다.

"믿기 어렵겠지만, 활발하게 자녀 양육에 동참하는 남성일수록 가정적으로나 사회적으로 성공할 가능성이 높습니다."

아빠가 육아하는 가정은 분위기가 좋다. 싸우는 경우가 드물기 때문이다. 그러니 사적인 고민을 덜 하게 될 것이다. 당연한 결과로 업무에 집중도가 높아지는 것이다.

　가정의 분위기가 좋지 않은 날은 어떠한가? 온종일 집에서의 감정이 남아 있게 될 것이다. 기분이 좋지 않으니 일에 집중도는 당연히 저하되는 것이다. 가정의 분위기가 좋지 않다면 대부분 그 분위기가 회사까지 연결된다. 그리고 다시 가정에 영향을 끼치게 되는 악순환인 것이다. 이러한 악순환의 고리는 아빠가 끊어낼 수 있다. 바로 아빠 육아를 하는 것이다.

　당신은 어떤 아빠가 되고자 하는가? 아마도 행복한 가정을 만드는 것을 생각할 것이다. 나는 가정이 행복하기 위해서 성공한 아빠가 되어야 한다고 생각한다. 물론 엄마도 같은 뜻으로 함께한다면 더할 나위 없이 행복할 것이다.

　나는 인생을 살면서 도전을 하는 성격이다. 이상주의적 생각을 하는 것이다. 그에 반해 아내는 인생의 도전보다는 안정을 도모하는 성격이다. 현실주의적 성격이라는 것이다. 나는 미래를 보고 현재의 일을 결정한다. 결국에 이뤄질 것이라는 확신이 서는 일에 대해 무작정 도전하는 것이다. 그래서 마찰을 빚는 경우가 많았다. 아내는 현실적인 문제만 생각하며 성공 가능성을 판단했기 때문이다. 그렇다고 서로의 의견을 무조건 반대만 하지는 않았다. 서로 상의 끝에 최종 결정을 한다. 서로에게 부족한 점을 보완하며 사는 삶의 정석이라고 말할 수 있겠다.

　결혼도 내가 밀어붙이고 아내와 상의 끝에 집까지 마련해서 이루었다. 집을 산 것도, 반려견을 분양한 것도 내가 밀어붙이고 아내와의 상의 끝에 이룬 것이다. 그렇게 우리 부부는 추진과 실행을 적절히 섞어 한 가지씩 이뤄나가는 것에 재미와 행복을 느꼈다. 지금처럼 서로의 의견을 존중하고 합심한다면 반드시 성공할 것을 믿고 있다.
　꼭 같은 꿈을 꾸는 부부만 성공하는 것이 아니다. 우리 부부처럼 정반대의 성격인 부부라면 서로 의견을 나눠보도록 하자. 부부의 뜻을 하나로 하면 결국에는 성공하게 될 것이다. 목표가 같으면 이룰 수 있는 것이 무궁무진하다. 한 가지씩 이루면서 가정의 행복까지 만끽하도록 하자.

긍정이 부정을 이기다

　모든 감정은 전염이 된다. 그래서 항상 긍정적인 말과 행동을 할 필요가 있다. 나는 육아를 할 때 이를 실천한다. 아이에게 말로써 긍정의 메시지를 전해주는 것이다.

　"너무 예쁘다. 사랑스러운 내 딸."
　"오늘도 맘마 맛있게 먹어줘서 감사합니다."

이렇게 내가 먼저 긍정을 실천하며 인사를 하기 시작했다. 그러자 어느 날부터는 아이도 나를 따라 고개 숙여 인사를 했다. 아빠인 내가 먼저 보여주니 아이도 배운 것이다. 물론 아직 그 말과 인사의 의미를 알지 못할 수는 있다. 하지만 상황에 맞게 행동은 할 수 있게 된 것이다.

아이를 양육할 때는 긍정 마인드를 가져야 한다. 긍정의 에너지가 행복한 가정이 되게 하는 것이다. 부정적인 말과 행동이 오고 가는 가정에서 어떻게 행복이라는 것을 느낄 수 있을까? 아이에게도 긍정적인 마인드를 심어주어야 한다. 그렇다고 강제로 하면 오히려 역효과가 난다. 그래서 내가 선택한 방법이 '솔선수범 육아법'이다. 당신도 해보면 효과를 눈으로 확인할 수 있을 것이다. 아이가 나의 말과 행동에 의해 변화하고 있는 모습을 말이다.

나는 직장 생활에 대한 스트레스가 있더라도 집에 가면 내색을 잘 하지 않았다. 굳이 내가 받은 부정을 아내와 아이에게 전하고 싶지 않았기 때문이다. 집에서는 거의 웃으며 말했다. 몸이 아플 때도 아이 앞에서는 내색하지 않았다. 내 말이나 행동에 조금이라도 부정적인 것이 묻어 나오면 그 순간 그만두었다. 그리고 바로 긍정적인 말과 행동을 했다. 짜증이 조금이라도 섞여 있을 때는 아이도 금방 나의 기분을 알아차릴 수 있기 때문이다.

당신도 나처럼 아이에게 전염될 감정을 컨트롤하도록 하자. 내 감정을 컨트롤 하는 것만으로 가정의 행복은 지켜질 수 있다.

고이케 히로시의 저서 『2억 빚을 진 내게 우주님이 가르쳐준 운이 풀리는 말버릇』에서 이렇게 말한다.

"만약 자녀들이 최고의 인생을 보내기를 바란다면, 당신 스스로 우주에 주문을 해서 점차 행복해지는 모습을 보여주면 된다."

이 구절은 가정의 행복이 아빠에게 달린 이유 중 하나이다.

아빠가 짊어진 짐의 무게

아빠 육아를 하게 되면 책임감을 가져야 한다. 나는 사실 결혼 전부터 퇴사를 고민했다. 입사 1년 6개월이 지나며 다른 업무로 바뀌게 되었다. 그 시기에 퇴사에 대한 고민을 시작했다. 지금은 9년 차에 접어들었다. 자그마치 8년 정도의 시간 동안 퇴사를 고민만 한 것이다.

처음에는 집안의 장남이었던 탓에 부모님께 실망을 안겨드리고 싶지 않았다. 장남이라는 타이틀로 인한 책임감이 컸기 때문이다. 결혼을 하며 가정이 생겼다. 가장의 책임감으로 인해 그만두지 못했다. 현재는 아이가 자라고 있어 쉽사리 퇴사하지 못한다. 장남과 가장이라는 책임감도 있다. 하지만 아빠라는 책임감의 무게가 실로 엄청나다는 것을 느낀다.

아빠가 되며 비로소 그 무게를 실감하게 되었다. 그래서 현실적인 문제에 부딪히며 직장을 다니고 있다. 몸이 아파도 출근을 했던 나의 아버지의 마음을 이제야 알게 되었다. 나도 나의 아버지가 그랬던 것처럼 책임감으로 아픈 몸을 이끌고 출근했다.

나는 이제껏 책임감이라는 것이 사랑의 또 다른 말이라고 생각했다. 내가 사랑하는 사람들의 마음에 상처를 주고 싶지 않았다. 하지만 결코 옳은 방법이 아니었다는 것을 깨달았다.

이제 내 생각은 완전히 바뀌었다. 먼저 내가 행복해야만 내가 사랑하는 사람들이 행복할 수 있다고 말이다.

4

나는 자랑스러운
아빠가 되기로 했다

/

오랫동안 꿈을 그리는 사람은 마침내 그 꿈을 닮아간다.
- 앙드레 말로

자랑스러운 아빠가 되자

나는 부유하지 못한 집에 태어났다. 친구들의 장난감과 나의 장난감을
비교하기 부끄러웠다. 부모님이 부끄러운 것이 아니었다. 가난하게 살
수밖에 없는 내 삶이 부끄러웠다. 꼭 성공하고 싶었다.

복권 당첨과 같은 요행은 바라지도 않았다. 나의 노력으로 자수성가한
성공자가 되고 싶었다. 그렇게 성공자가 되면 주위 사람들이 나를 자랑
스러워할 것이라고 믿었다. 그래서 결국에는 나로 인해 웃음 지을 수 있
으리라는 것 또한 믿었다.

나는 대학 시절 1시간 넘게 지하철을 타고 통학해야 했다. 자취방을 얻을 형편이 되지 않았기 때문이다. 1학년 1학기 개강을 하고 며칠 동안 일명 지옥철에 적응하며 시간을 보냈다. 어느 정도 적응되어 자리를 잡고 앉을 수 있게 되었다. 자리에 앉으니 졸음이 몰려와 잠을 자는 날이 많았다. 그렇게 잠을 자며 이동하는 동안의 시간을 허비했다.

어느 날 문득 이렇게 시간을 허비하면 안 되겠다는 생각을 하게 되었다. 그래서 책을 읽기 시작했다. 처음 며칠은 졸린 눈을 억지로 떠가며 책을 읽었다. 졸음을 이겨내야 했다. 그래도 하루아침에 습관이 만들어지지 않았다.

자리에 앉지 못하는 날에는 책을 읽지 못했다. 하지만 자리에 앉는 날에는 졸음이 쏟아져도 책을 펴 읽어 내려갔다. 책을 읽는 중에도 졸음이 몰려와 꾸벅꾸벅 졸기도 했다. 하지만 그것이 반복되자 습관이 되었다. 결국에 독서로 시간을 보내는 것을 성공하게 된 것이다. 그 후 장시간 지하철을 타도 지루하지 않았다. 졸음이 와도 이겨낼 방법을 터득했다. 바로 지하철 밖 풍경을 감상하거나 지하철을 타고 있는 사람들을 관찰하는 것이었다. 지하철 안에 있는 사람들의 모습을 관찰하는 것이 특히나 재미있었다. 사람들은 제각기 다른 모습을 하고 있기 때문이었다.

어느 날에는 우연히 노약자석을 보게 되었다. 그곳에는 어르신들이 앉아계셨다. 그중 한 분은 중절모에 정장을 입으셨다. 그 옆에는 노숙자로 보이는 분이 계셨다. 너무나 상반되는 장면이었다. 그 모습을 본 나는 내가 늙어서는 어떤 모습일지 상상을 했다. 나는 중절모와 정장을 입으신 어르신을 나의 미래라고 상상했다. 그리고 그렇게 되기 위해서 성공자의 삶을 살기로 다짐했다.

물론 노숙자의 모습을 하고 계신 어르신도 한때 잘나가던 사업가였을지 모른다. 하지만 그 당시 내 눈에는 그냥 노숙자의 모습이었다. 그분을 보면서 내가 실패해도 사람들이 멀리하는 노숙자의 삶은 살지 않겠다고 다짐했다. 그 생각 끝에는 내 아이에게 자랑스러운 모습의 아빠가 되자는 결심이 있었다.

실패한 아빠, 성공한 아빠

아이가 태어나고도 성공자의 꿈을 꾸었다. 내 아이는 부유한 가정에서 자라는 아이로 만들고 싶었다. 그래서 '실패한 아빠보다 성공한 아빠로 살자.'라고 생각했다. 그래서 꿈을 현실화하기 위해 꾸준히 고민했다.

진정한 성공자란 무엇인가에 대해 고민에 빠졌다. 과거에 내가 낙서처럼 메모를 한 노트들을 펼쳐보았다. 평범하게 살아왔던 나는 특별할 것 없는 인생을 살았다. 하지만 눈에 띄는 낙서가 있었다. 여러 권의 노트 속에 공통된 것이었다. 바로 '사람들에게 웃음을 주며 선한 영향력을 끼치는 사람'이었다.

내가 과거에도 현재에도 같은 꿈을 꾸고 있다는 것을 알게 되었다.

나는 사실 아빠가 되며 '나'를 잃어 가고 있었다. 가족들을 위해 살다 보니 '나'라는 존재가 희미해진 것이다. 그래서 나를 되찾고 싶었다.

'나'를 찾고자 하는 것은 대부분의 사람이 고민하는 문제일 것이다. 나는 이 고민을 내가 꾸준히 꾸었던 꿈과 연결하기로 했다.

먼저 책, 유튜브 채널을 통해 나의 이야기를 널리 알리기로 마음먹었다. 이 책을 읽거나 내 유튜브 채널을 구독하는 구독자들은 이미 알고 있을 것이다. 책을 통해 나의 과거, 현재, 미래의 삶을 보여준다. 그리고 유튜브 채널에서는 삶 속에서 얻은 깨달음을 사람들에게 공유하는 것이다. 나의 깨달음으로 인해 많은 사람이 조금 더 쉬운 아빠 육아를 했으면 한다. 그리고 더 나아가 행복한 꿈을 가진 아빠가 되었으면 한다.

유튜브 채널에서는 유튜브를 시작한 이유와 그것을 통해 무엇을 하고자 하는지 소개도 했다. 간략히 말하자면 앞서 말했듯이 '나'를 찾기 위해 시작했다. 그리고 나와 같은 고민을 하는 '직장인 육아 대디'들과 진심으로 소통하며 그들에게 희망을 주고 싶었다. 자세한 내용은 유튜브 채널에서 확인할 수 있다.

'나'를 찾고자 하는 욕망은 오래도록 묵혀둔 나의 꿈을 만나 실현되어

가고 있었다. 하지만 속도가 나지 않았다. 그러다 〈한책협〉 김태광 대표 코치님을 만난 후의 삶은 완전히 변화되었다. 〈한책협〉에서 진행하는 과정들을 수료하면서 빠르게 내 꿈을 이루는 방법을 배우게 된 것이다.

그 전에 나는 시집 출간을 하고 산부인과에 강의를 다니며 엄마들의 우울증 예방을 하려고 했다. 하지만 지금은 더 많은 사람들을 위한 책을 쓰게 되었다. 〈한책협〉은 책을 통해 메신저의 삶을 빠르게 이룰 수 있게 해준다. 메신저란 많은 사람에게 내 삶의 지혜를 전하여 행복을 찾게 해주는 역할을 한다.

나는 그 덕분에 내 꿈에 확신이 생겼다. 이제는 엄마뿐만 아니라 아빠들의 웃음도 찾아줄 수 있게 된 것이다.

아이가 나에게 낯을 가린 적이 있었다. 그래서 육아에 더 힘써야겠다고 생각했다. 운영하던 유튜브 채널도 아이와 시간을 더 보내기 위한 수단으로 사용해야겠다고 생각했다. 그러던 찰나에 유튜브 특강을 듣게 되었다. '크루즈tv' 채널을 운영하는 위닝북스 권동희 회장님께서 진행하시는 특강이었다.

강의를 들으며 기존 3가지 키워드로 시작했던 유튜브 채널도 개편할 수 있었다. 나의 생각과 일맥상통한 육아를 키워드로 한 '아빠육아tv'가 탄생하게 된 것이다.

내 인생의 비전이 확실해지니 되는 방법만 보였다. 그러니 삶을 더욱 열정적으로 살 수 있게 되었다. 내가 꿈을 이루기 위해 노력하는 모습은 아이에게 본보기가 될 것이라고 믿는다. 그리고 아이가 나를 자랑스러운 아빠라고 생각할 것이라고 믿는다.

나는 자랑스러운 아빠가 되는 것을 생각했다. 그리고 그것을 위해 매 순간 노력하고 있다. '아이가 어떻게 자랐으면 좋겠다.'라는 생각을 하기 전에 '아이에게 어떤 아빠(엄마)가 되어야지.'를 먼저 생각하도록 하자.

수많은 자녀 교육 서적을 보면 아이는 부모의 말과 행동을 따라 한다는 말을 하고 있다. 자녀 교육 서적 중 내가 공감한 내용을 소개한다. 그래 작가의 『기적의 21일 공부법』 서문에 나오는 문장이다.

"자신의 인생을 주도적으로 살아가는 부모의 모습을 보며 자란 아이들은 굳이 말하지 않아도 스스로 꿈을 찾고 그것을 이루기 위해 노력한다."

아이는 부모가 꿈을 찾고 그것을 이루기 위해 노력하는 모습을 보게 된다. 자연스럽게 아이도 자라면서 노력하게 되는 것이다. 굳이 아이에게 강요하지 않고서도 노력하도록 하는 것이다. 아이에게 꾸준히 노력하는 모습과 꿈을 이룬 아빠의 모습을 보여주도록 하자. 그렇다면 분명 아빠를 자랑스럽게 생각하고 더 나아가 존경하게 될 것이다.

자랑스러운 아빠는 어떻게 될까?

당신은 '어떤 아빠가 되길 원하는가?'라는 질문에 답을 할 수 있어야 한다. 대부분의 아빠는 아이가 자랑스럽게 생각할 수 있는 아빠가 되길 원할 것이다.

나는 이런 아빠가 되기 위해서는 꿈을 꾸라고 말해주고 싶다. 아빠가 꿈을 꾸고 그것을 이루려고 노력하는 과정이 아이에게 보이게 된다. 그 과정에서 아이는 아빠의 노력하는 모습을 배운다. 그리고 자신이 꿈을 향해 노력하는 모습을 그린다. 자연스럽게 아이는 아빠가 자랑스럽다고 생각하게 될 것이다.

아빠 육아, 지금 당장
가볍게 시작하라

/

자식 교육의 핵심은 지식을 넓히는 데 있는 것이 아니라
자존감을 높이는 데 있다.
-레프 톨스토이

절대 어렵지 않은 아빠 육아

실제 아빠 육아를 하는 아빠들에게 육아가 힘든 일인지 물었다. 거의
모든 사람이 같은 대답을 했다.

"처음에는 힘들었는데 시간 지나니 익숙해지더라고."

아빠 육아는 어떤 일을 처음 시작할 때처럼 시작이 어려운 것이다. 특
별한 무언가가 있을 것이라 겁을 먹지 않아도 된다. 어떠한 일이든 시작

을 하고 익숙해지면 결코 어려운 일이 아니게 된다. 육아도 마찬가지인 것이다. 육아라는 단어를 들으면 지옥이라는 단어가 생각이 날 것이다. '육아지옥'이라는 말이 유행어처럼 번져 있기 때문이다. 육아는 왜 지옥일까?

아빠들은 엄마가 육아하는 동안 직장에서 일을 하는 경우가 많다. 아이가 없는 집 밖에서 자유로운 것이다. 이런 이유로 엄마들은 아이와 함께 있어야 하는 경우가 대부분일 것이다.

온종일 아이와 함께하는 엄마들은 모든 생활이 아이에게 맞춰져 있다. 그러니 아이가 잠이 들 때까지 지쳐 있을 수밖에 없다. 여가 시간을 보내는 데에 쓸 에너지가 거의 방전된 상태인 것이다. 이런 생활이 반복된다면 당연히 지옥이라고 느끼게 될 것이다.

아내가 지옥이라고 느끼는 때에 아빠가 육아에 참여하면 어떤 결과가 나타날까? 아빠가 퇴근하고 아이와 단 10분이라도 함께 놀아준다면 엄마에게 시간이 생긴다. 이 시간 동안 쉬는 시간을 가질 수 있다. 때로는 밀린 집안일을 빨리 끝낼 수도 있다. 아이가 잠들어도 아빠가 육아를 함께한 만큼 엄마의 에너지가 남아 있게 되는 것이다. 그리고 남은 에너지로 여가 시간을 보낼 수 있을 것이다. 엄마는 육아를 지옥이라고 느끼지 않을 수 있는 것이다.

10분이면 피자나 치킨이 집에 배달되는 시간보다 짧다. 이렇게 짧은 시간동안 아빠가 육아에 참여하는 것이다. '10분 육아한다고 크게 달라지는 게 있겠어?'라고 의심하는 사람이 있을 것이다. 그렇다면 지금 당장 단 10분 만이라도 육아를 해보도록 하자. 그리고 그것을 꾸준히 해보자. 당신은 곧 육아에 익숙해질 것이다. 아내의 생활이 어떻게 변하는지도 금방 느낄 수 있을 것이다. 그리고 아이가 아빠를 마주하는 모습이 달라짐을 느낄 것이다.

아빠 육아는 생각보다 단순하고 쉬운 것이다. 생각을 조금만 다르게 한다면 더욱 즐거운 육아를 맛볼 수도 있을 것이다. 나는 몸이 좋지 않은 상태에서도 육아에 참여한다. 나보다 좋지 못한 상황에서도 육아하는 아빠를 보았기 때문이다. 나에게 자극이 되었고 동기 부여가 된 것이다. 자극을 받은 나는 현재 상황에서 되는 방법을 생각했다. 몸이 아프다고 해서 육아를 할 수 없는 것은 아니었다.

요즘 육아하는 아빠들은 24시간 육아를 하는 것 같다. 스마트폰 하나로 수시로 아이와 함께하는 것이다. SNS, 블로그, 유튜브 등 여러 가지 매체를 통해 아이와 함께하는 것이다. 나와 아내도 아이의 인스타그램 계정을 만들어 육아 일기를 썼다. 정해진 형식은 없었다. 날짜와 아이의 성장을 먼저 기록했다. 성장 발달 사항을 쓰고 그날 아이를 보며 들었던 감정이나 생각을 글로 적어 게시한 것이다. 아이에게 특별한 날과 일상도 공유하기도 했다.

게시한 글과 사진, 영상에는 아이의 지난 모습이 고스란히 담겨 있다. 나는 이렇게 게시한 것들을 아이가 성장한 후 함께 보며 추억을 떠올릴 것이다. 그때에는 나와 아내의 마음이 전해질 것이라고 믿는다. 그때 아이가 어떤 감정을 느낄지 기대하며 오늘도 아이의 성장을 기록한다.

부부는 하나의 팀이다

앞에서는 아빠 육아를 가볍다고 했다. 물론 가볍게 생각하고 시작해야 하는 것은 맞다. 하지만 가볍게만 생각하면 안 된다. 아빠 육아가 아이에게 미치는 영향은 실로 엄청나기 때문이다.

엄마가 육아하며 부족했던 부분을 아빠가 채워주어야 한다. 이때 주의할 것이 있다. 부모가 서로 다른 목표로 양육하면 안 된다는 것이다. 육아를 할 때에는 부모가 한 가지 목표를 정해놓아야 한다. 그리고 아이의 일상에 대해 항상 공유해야 한다. 그래야 한 명이 실수를 했을 때 다른 한 명이 바로 잡아줄 수 있기 때문이다.

부부라도 분명히 아이를 대하는 자세에서 서로 다른 점이 있을 것이다. 엄마가 쿨한 성격이고 아빠가 꼼꼼한 성격이라 가정하자. 아이가 위험한 행동을 했을 때 쿨한 성격의 엄마는 대수롭지 않게 넘긴다. 하지만 꼼꼼한 성격의 아빠는 그 행동을 캐치하여 반복되지 않도록 훈육한다. 이처럼 부부가 한 팀이 되어 육아를 해야 한다. 이것이 바로 아빠가 육아에 참여해야 하는 이유인 것이다.

부부가 한 팀이라고 생각했다면 다음 순서는 각자의 역할을 명확히 해야 하는 것이다. 그래야 목표에 가까워지게 된다. 부부가 함께해도 결코 완벽할 수 없는 것이 육아이다. 최대한 목표에 가까워지기 위해서는 부모가 각자의 역할에 최선을 다해야 하는 것이다. 운동 경기 중 팀을 이루어 하는 종목은 팀워크를 중요시 한다. 한 선수의 능력치가 높다고 해서 그 팀이 목표를 이루기 쉬울까? 이 질문의 답과 같다고 생각하면 이해하기 쉬울 것이다.

미국의 만년 꼴지 미식축구팀 세인트루이스 램스를 우승으로 이끈 감독 딕 버메일은 이런 명언을 남겼다.

"조직을 승리로 이끄는 힘의 25%는 실력이고 나머지 75%는 팀워크이다."

부부는 아이를 양육하기 위해 뭉친 한 팀이다. 아이 양육에 대해 공동의 목표를 정하고 최고의 팀워크로 육아에 힘쓰도록 하자.

나는 도전을 좋아하는 성격이다. 그래서 아빠 육아도 바로 도전했다. 바로 시작한 육아는 지옥이라고 생각해본 적이 없을 정도로 즐거웠다. 나는 육아를 즐기게 된 것이다. 사람은 환경에 따라 생각이 변하는 것이 아니다. 생각을 어떻게 하느냐에 따라 환경이 변하는 것이다.

아빠 육아에 대해 어렵게 생각하며 소홀히 하지 않았으면 한다. 되는 방법만 생각하면 육아는 결코 어렵다고 생각되지 않을 수 있기 때문이다. 걱정이 많으면 그만큼 실행하기 어려울 것이다. 그러니 더 이상 고민하지 말고 지금 당장 육아에 참여하도록 하자. 부모가 최고의 팀을 이루고 아이 양육에 대해 한 가지 목표를 정했다면 결코 어렵지 않을 것이다.

6

내가 소년이었듯,
내 아내도 소녀였다

/

진정한 사랑은 상대방을 위해 침묵하는 것이 아니라
상대방이 앞으로 나아가도록 밀어주는 것이다.
- 알렉상드로 코제브

아내의 모습에서 소녀를 찾다

결혼 후 아내는 대부분의 시간을 집에서 보내야 했다. 나만 믿고 타지로 온 탓에 근처에 사는 친구들이 없었기 때문이다. 이렇게 허송세월하다가는 아무것도 못 하겠다고 생각한 아내는 공부를 시작했다. 공부를 시작한 후 더 많은 시간을 집에서 보냈다.

결혼 전의 모습과는 정말 달랐다. 항상 웃음기 가득하고 활발한 그녀였다. 결혼 전에는 온종일 집에 있는 것을 거의 본 적이 없었다. 그렇게 활발한 성격의 아내의 모습이 좋았다. 그런데 정반대의 생활을 하고 있으니 미안했다. 나 때문에 집에만 있는 것 같았다. 자책하는 마음을 아내에게 잔소리하고 화내는 것으로 표현했다. 집에서만 생활하는 아내를 보니 답답했다.

아내에게 동호회나 학원 등 밖에서 할 수 있는 것을 권유했다. 아내는 하기 싫은 일을 억지로 하는 것을 좋아하지 않았다. 그리고 굳이 새로운 사람들을 만나 불필요한 감정 소비를 하고 싶지 않다고 했다.

아내를 밖으로 나가게 하는 방법은 내가 함께 가는 것이었다. 피곤한 주말에는 아내와 집에서 하루를 보냈다. 거의 대부분의 날을 집에서 보냈다. 집에서는 함께 맛있는 음식도 만들어 먹었다. TV에서 방송하는 예능 프로그램을 보며 깔깔대며 시간을 보내기도 했다. 날씨가 좋은 날에는 커튼을 열어놓고 거실에서 낮잠을 자기도 했다.

날씨가 좋거나 피곤이 덜한 날에는 아내와 함께 데이트를 했다. 함께 집 밖으로 나가면 아내는 해맑은 미소를 띠었다. 결혼 전의 아내의 모습이 나오는 것이었다. 집 밖으로 나서자마자 아내와 손을 잡거나 팔짱을 꼈다. 연애할 때의 감정이 되살아났다. 아내가 아직 소녀처럼 보였다.

그때 '아내는 아마도 익숙하지 않은 길을 혼자 걷는 것이 싫지 않았을까.'라는 생각이 들었다. 그리고 나와 함께하는 시간을 원했을 아내에게 미안했다. 나는 그날 이후 피곤함을 이겨내고 아내와 데이트를 즐기기 위해 더 자주 밖으로 나갔다.

당신의 아내도 집 밖으로 나가면 해맑은 아이처럼 변하지 않는가? 그렇다면 아내에게 데이트 신청을 해보자. 아이와 함께여도 좋다. 아이와 함께라면 아이를 잠시 아내에게서 떨어뜨려보자. 아빠가 아이와 잠깐이라도 함께하는 것만으로도 아내는 자유로울 수 있다. 이로 인해 잠시라도 여유를 되찾은 모습의 아내를 볼 수 있을 것이다. 그렇게 집 밖에서 데이트를 한다면 집에서와 다른 아내의 모습을 볼 수 있을 것이다. 때로는 친구들과 시간을 보내도록 시간을 주도록 하자. 친구들과 함께할 때는 더 없이 해맑은 소녀로 돌아간다. 말투도 행동도 학창 시절 어린 소녀가 되는 것이다.

어느 날 아내는 아침부터 분주했다. 친구의 결혼식에 참석하기 위해 평소보다 일찍 일어났다. 아이가 잠에서 깨기 전에 씻고 나오려고 부리나케 욕실로 향했다. 아침 샤워를 하고 나왔다. 화장도 하고 머리도 예쁘게 단장했다. 아이를 안고 있으면 하기 어려운 액세서리도 잊지 않고 챙겼다. 출산 전 입었던 옷 중 결혼식에 맞는 옷을 전날 미리 준비해놓고 자기도 했다. 옷을 고를 때에는 마치 웨딩드레스를 입어볼 때처럼 내가 앞에서 보고 있어야 했다. 그렇게 여러 가지 옷을 입어보는 패션쇼 끝에 옷을 선택했다.

아내는 출산 후에도 아픈 나를 대신해 아이를 돌보았다. 그래서 산후 조리도 제대로 하지 못했다. 출산 후 운동 역시 못해 이전의 체중을 되찾지 못했다. 그래서 더 옷에 신경을 쓰게 된 것이다. 세상의 어느 엄마들이 아줌마처럼 보이기를 원할까? 나의 아내 역시 싫어했다. 더군다나 결혼식에 간다는 친구들은 결혼하지 않았거나 아이가 없다. 그러니 아내도 비교되기 싫었을 것이다. 예쁘게 보이고 싶은 마음이 이해가 됐다.

아내가 옷을 걸치고 액세서리까지 하니 결혼 전의 모습이 보였다. 사실 아내는 화장을 짙게 하는 스타일이 아니다. 그래서 내가 보기에는 크게 달라진 점은 없었다. 다만 달라진 것은 오랜만에 설렘 가득한 아내의 얼굴이었다.

아빠 육아로 소녀를 만나자

대부분의 여자는 결혼하고 아이를 출산한 뒤에 몸이 망가진다. 산후우울증도 이 때문에 겪는 경우가 많다. 거울을 보면 임신 전과 너무도 달라진 몸을 보게 되기 때문이다.

보통 임신과 출산을 겪게 되면 체중이 많이 늘어난다. 그렇게 늘어난 체중이 아이를 낳는다고 해서 바로 빠지지 않는다. 출산 직후에는 붓기도 다 빠지지 않은 상태이다. 그 상태에서 거울을 보면 당연히 더 뚱뚱하다고 느끼게 되는 것이다.

아이를 낳아도 배는 여전히 들어가지 않고 있다. 당연히 결혼 전의 몸과 비교될 수밖에 없는 것이다. 튼살을 보게 되었을 때도 마찬가지이다. 아이를 품을 때 갑자기 배가 커지면서 살이 트게 된다. 튼살 크림을 바르면 어느 정도 예방은 되어도 완벽히 차단할 수는 없을 것이다. 그때 살이 튼 것은 출산 후 더욱 선명하게 보인다. 아이를 품으며 커졌던 배가 제자리를 찾아가기 때문이다. 튼살로 인해 비키니 수영복을 못 입는다는 엄마들도 본 적이 있다.

이 세상 모든 엄마는 여자다. 수영장에 가면 비키니를 입고 몸매를 뽐내고 싶어 할 것이다. 출산 전과 몸의 변화가 가져오는 우울감은 남자들은 상상하기 힘들다.

아내의 우울함을 해소시켜줄 수 있는 것은 아이가 아니다. 남편이 해주어야 한다. 출산 후 살이 빠지지 않는 아내에게 상처가 되는 말은 하지 않길 바란다. 그 말은 평생 아내에게 상처로 남을 수 있기 때문이다.

아내는 나를 만나기 전에 쇼핑몰 피팅 모델 일을 잠시 했다. 그래서인지 옷을 고르는 안목이 있다. 그리고 쇼핑몰을 검색해 마음에 드는 옷을 골라 구매한다.

아이를 출산하고 나서는 아기 옷 쇼핑몰을 매일 본다. 하지만 아이를 출산하기 전과 특별한 행사를 앞두고는 매일 밤 잠들기 전 여성 의류 쇼핑몰을 검색했다. 검색할 때마다 나에게 마음에 드는 옷을 보여주곤 했다. 내가 볼 땐 다 잘 어울릴 것 같다. 하지만 전부 살 수 있는 형편이 아니니 가장 예쁜 옷들만 골라 선택해준다.

아내는 옷을 고를 때 또 한 번 소녀로 돌아간다. 마음에 드는 옷을 찾으면 얼마나 기뻐하고 해맑은 표정을 짓던지. 그런 모습을 보고 사주지 않을 수가 없다. 옷을 고르면서도 살이 찐 모습을 한탄하기도 한다. 하지만 어느새 마음에 드는 옷을 발견하면 다시 미소 짓는다.

대부분의 남편들은 결혼 전과 다른 아내의 모습에 실망한 경험이 있다고 한다. 나는 결혼 전에는 그렇지 않으리라 생각했다. 그러나 나도 아내의 바뀐 모습에 실망한 적이 있다. 아내가 그렇게 달라지는 것에는 나의 문제도 있었다. 미안함을 잔소리로 표현했던 서툰 감정표현을 했다, 피곤하다는 이유로 밖으로 잘 나가지 않았다. 나의 상황만 생각한 것이다.

그것을 깨달은 후에는 나도 변화하려 노력했다. 이후 아내의 모습도 점점 달라지기 시작했다. 아직도 많이 부족하지만 나는 아내의 소녀 같은 모습을 간직할 수 있도록 노력한다.

혹시 당신도 아내의 바뀐 모습에 부정적인 생각을 해본 적이 있는가? 그렇다면 자신을 먼저 돌아보자. 그리고 아내가 왜 당신이 실망하는 모습으로 변했는지 생각해보자.

항상 소녀가 되고 싶어 하는 아내가 어떤 모습이든 사랑하자. 그리고 소녀의 모습을 지킬 수 있도록 장점을 칭찬하도록 하자. 아내가 분명 달라질 것이다.

아내가 소녀의 모습을 되찾게 하자

아내의 어떤 모습에 반했는지 기억이 나는가? 기억이 난다면 그 기억을 계속 이어나가도록 하자. 결혼 전 혹은 출산 전 아내의 모습 속에는 소녀와 같은 여리고 순수한 모습이 있을 것이다. 그 모습이 왜 사라졌을까? 결혼, 육아라는 현실에 가려져버리지 않았을까?

아내는 친구들을 만나면 소녀의 모습을 보인다. 친구를 만나지 않아도 잠깐의 외출을 통해서도 그런 모습을 볼 수 있다. 현실에서 잠깐 벗어나게 되는 것이다. 아빠가 육아를 하면 가능하다. 소녀의 모습을 한 아내를 다시 보고 싶다면 외출을 하게 하자. 결국 가정의 행복까지 찾아오는 것을 느낄 수 있을 것이다.

7

육아 지옥은 끝!
육아 천국에 오신 것을 환영합니다!

/

아이가 있는 곳에 황금시대가 있다.
- 노발리스

아빠가 꿈이 있어야 육아 천국을 만난다

아빠들은 행복한 가정을 위해 일을 한다. 그러면서 점점 꿈을 잃어간다. 현실의 삶이 고단하니 엄두를 내지 못하는 이유가 클 것이다. 하지만 당신이 꿈을 잃게 된다면 본인은 물론 가정의 행복까지 이루기 힘들 것이다.

나는 세상의 아빠들이 꿈을 꾸고 이루어나갔으면 좋겠다. 아빠가 꿈을 꾸면 아내와 아이도 함께 꿈을 꾼다. 아빠가 꿈을 이루기 위해 노력하는 모습은 아이에게 훌륭한 교육이 될 수 있다. 목표를 세우고 꾸준히 한 가지씩이라도 이루어나가도록 하자.

나는 매년 버킷리스트를 작성한다. 그 중 올해의 리스트에 오른 것 중 3가지를 소개하겠다.

첫 번째는 나의 가족에게 자랑스러운 사람이 되는 것이다.

이것은 나의 꿈을 이루게 되면 아이와 아내가 정말 그렇게 생각하는지 듣고 삭제할 예정이다. 가족에게 자랑스러운 사람이 되기 위해서는 가정의 행복을 유지해야 한다. 내가 꿈을 꾸고 그 꿈을 이루면 행복을 전할 수 있다고 믿는다. 성공을 위해 노력하는 모습은 아이에게도 좋은 배움이 될 것이다. 그리고 배움을 통해 자신도 꿈을 찾게 될 것이다. 결국에는 성공한 아빠의 모습을 자랑스러워하고 존경하는 아내와 아이가 될 것이다. 그래서 나는 계속해서 성공을 위해 달려갈 생각이다.

두 번째는 유튜브 영상을 찍으며 가족과의 시간을 보내는 것이다.

영상 촬영을 하면 가족과의 소중한 시간을 간직할 수 있게 된다. 촬영한 영상을 게시하면 초보 아빠들도 보게 될 것이다. 그리고 그들에게 도움이 될 것이다. 그렇게 아빠들이 내 영상을 보고 가족의 추억 만들기에 도전한다면 그 가족의 행복까지 지켜줄 수 있는 것이다.

나는 육아를 즐기는 동기 부여 중 하나로 유튜브 영상을 선택했다.

세 번째, 행복한 아빠 육아 코치로 활동하는 것이다.

예비 아빠들에게 겁내지 않고 육아를 할 수 있도록 조언한다. 초보 아빠들에게는 육아에 대한 정보를 제공하면서 조금 더 쉬운 육아를 할 수 있게 한다. 그리고 아이의 신생아 시절을 겪은 아빠들에게는 꿈을 찾아준다. 내가 주로 코칭·컨설팅 하는 대상은 아빠들이다. 아빠 육아를 통해 행복을 찾도록 해주고 그로 인해 가정의 행복을 찾게 해주는 것이다. 감정은 전염된다고 했다. 행복한 가정의 에너지가 일파만파 퍼져나가 모든 사람이 행복 속에 살았으면 한다. 나는 당신이 육아를 지옥이 아닌 천국이라고 생각하게 해주고 싶다.

가족과 관련한 버킷리스트를 작성하도록 하자. 그렇다면 가족을 위하는 마음을 스스로 가지게 될 것이다. 그로 인해 결국에는 자신의 행복도 찾게 된다. 그렇게 된다면 육아를 하는 시간은 충분히 천국과 같이 행복한 시간으로 가득하게 될 것이다.

"피할 수 없으면 즐겨라."라는 말을 들어봤을 것이다. 아이를 가진 부모라면 육아는 피할 수 없는 숙명이다. 부모 외의 다른 사람이 아이와 함께 있지 않다면 말이다. 예를 들면 양가 부모님이나 베이비시터다.

아내와 둘만의 시간도 참 좋은 시간이다. 하지만 아이를 매번 다른 사람의 손에 맡기고 나갈 수는 없을 것이다. 아이와 떨어져 있는 시간을 만들 수 없다면 어떻게 하겠는가? 그 시간을 즐기는 수밖에 없는 것이다.

사람은 마음먹기에 따라 그 일을 해낼 수도 해내지 못할 수도 있다. 그러니 피할 수 없으면 즐기는 육아를 해보자.

아이는 항상 웃기만 하지는 않는다. 아이가 갑자기 대성통곡을 하는 때는 진땀을 빼기도 했다. 그리고 아이가 뒤집기 시작하면서부터 더 많은 힘을 쏟아야 했다.

직장에서 퇴근하고 집에 돌아와서도 쉬지 못한다. 아이가 잘 때까지 아이와 놀아주고 돌봐주어야 한다. 피곤한 몸을 이끌고 놀아주다 보면 졸음이 쏟아진다. 하지만 잘 수는 없다.

아이를 목욕시키고 나면 곧 잘 시간이 된다. 그래서 마지막 체력을 끌어올린다. 목욕 후 침대에 눕히고 분유를 먹인다. 먹는 도중에 자는 날이 있다. 하지만 그렇지 않은 날에는 다시 놀아주느라 땀을 빼야 한다. 그렇게 우여곡절 끝에 아이를 재운 후에는 어질러진 집을 정리해야 한다. 그래야 비로소 쉬는 시간이 생기는 것이다. 그렇게 지친 하루에도 아이의 웃음소리가 있어 우리 집은 웃음이 끊이질 않는다.

아이와 함께 하는 모든 날, 모든 순간이 행복 그 자체였다. 아이가 나를 보며 해맑게 웃기라도 하면 나는 천국에 있는 듯한 기분이 든다.

사랑하는 마음을 온전히 쏟아라

내가 육아를 하게 된 이유는 아내와 아이를 사랑하는 마음이 있었기 때문이다. 그렇게 시작된 육아는 아내와 아이까지 행복하게 만들었다. 더 나아가 나 자신에게도 행복감을 주었다. 그래서 나에게 육아는 천국이 된 것이다.

나와 아내는 첫 만남부터 심상치 않았다. 아내의 대학교 선배가 나의 친구였다. 그 친구의 소개로 연락을 하게 된 것이다. 연락을 시작한 1주일 뒤 만나기로 약속했다. 만나기로 한 날이 다가왔다. 그런데 약속한 날의 바로 전날 내가 교통사고가 나서 입원을 하게 되었다. 만나지 못하는 상황이 생긴 것이다.

나는 병원에 있는 동안에도 지금의 아내와 계속 연락을 했다. 그러다 장난과 진심을 반반 섞어서 입원했는데 병문안도 오지 않느냐고 메시지를 보냈다. 아내는 마음이 순수한 여자다. 그래서 내가 보낸 메시지에 영어 스터디 모임도 제치고 인천에서 천안까지 내려왔다.

내가 입원한 병실은 8인실이었다. 하지만 모두 퇴원하고 아무도 없었다. 내가 물리치료실에 있는 동안 아내는 도착했다. 그래서 나는 내 침대의 위치를 알려주며 누워서 쉬고 있으라고 했다. 물리치료가 끝나고 병실로 들어갔다. 이게 웬일인가? 내 침대에 누군가가 누워 TV를 보고 있는 것이 아닌가? 나는 그 모습에 반해 아내와의 교제를 결심했다.

연애를 시작하고 아내에게 내 첫인상을 물었다. 아내는 내가 환자복을 입고 병실에 들어오는 모습에 반했다고 했다. 그렇게 우리는 병실에서 처음 만났고 사랑에 빠져 결혼까지 하게 되었다.

우리 부부는 1년 8개월 정도의 연애 기간 동안 심하게 싸운 적이 한 번 있다. 그때 아내는 처음이자 마지막으로 나에게 헤어지자는 말을 했다. 나는 보통 헤어지자는 말을 들으면 바로 동의를 하고 관계를 정리한다. 하지만 이상하게 그렇게 되지 않았다. 헤어질 고비를 넘긴 것이다. 그 후로는 큰 싸움 없이 결혼을 약속했다.

결혼 식 전에 혼인 신고를 먼저 하고 같이 살 정도로 서로를 사랑했다. 하지만 혼인 신고 후 3년 간 순탄하지 않은 신혼 생활을 보냈다. 안정을 찾지 못한 결혼 생활이었다. 결혼식을 올리지 못해 그런 것 같다는 아내의 말에 결혼식을 준비하기 시작했다. 준비하는 동안 애정이 다시 샘솟았다. 그리고 결혼식이 코앞으로 다가온 어느 겨울 우리는 임신 소식을 듣게 되었다. 우리 부부가 안정을 되찾으니 아이가 우리에게 온 것이다.

보통 아이들을 하늘에서 온 천사라고 표현한다. 우리 아이는 우리 부부에게 내려온 천사인 것이다. 하늘에서 우리 부부의 상황을 지켜보았을 것이다. 우리 부부가 시련을 극복하며 성장하는 모습을 말이다. 그러다 아이를 맞이할 준비가 되었다고 생각하고 내려온 것이다. 피부가 아내를 닮아 뽀얀 딸이다. 백옥같이 하얗게 빛이 났다. 정말 천사의 모습을 하고 있었다.

천사는 어디에 존재하는가? 바로 천국이다. 우리 아이가 천사이면 아이가 사는 우리 집은 천국인 것이다. 진정한 천국을 만들기 위해서는 부모의 역할 분담도 중요하다. 그중에서도 아빠의 육아 참여가 큰 영향을 미친다.

지금부터 시작하자. 아이가 살고 있는 집을 천국으로 만드는 아빠 육아를.

육아로 내 안의 거인을 깨워라!

미국의 제 16대 대통령 에이브러햄 링컨은 다음과 같이 말했다.

"투쟁에서 실패할 수도 있다는 개연성 때문에 정당하다고 믿는 대의를 지지하는 데서 물러서서는 안 된다."

대부분의 사람들은 아이를 낳으면 경제적으로 어려워질 것이라고 생각한다. 그래서 경제가 어려워진 요즘에는 아이를 낳지 않으려는 사람들이 늘어가고 있는 추세다. 더구나 요즘 젊은 세대는 이루고 싶은 꿈이 많다. 그것들을 포기하고 육아를 한다는 것에 대한 두려움도 한몫을 한다.

당장은 두려울 수 있다. 하지만 경제적인 문제가 임신, 출산, 육아에 크게 작용하지는 않는다. 꿈을 이루는 것도 마찬가지이다. 그러니 사람들의 힘들다는 말에 현혹되어 두려움을 갖지 않길 바란다. 아이가 있는 부모는 알 것이다. 경제적 어려움보다 육아를 할 때 찾아오는 행복감이 더 크다는 것을 말이다.

당신은 어떠한 삶을 원하는가? 모든 사람들의 소망은 결국 행복한 삶이 아닐까 생각한다. 우리는 소망하는 꿈을 이뤘을 때 행복을 느낀다. 이때문에 두려움을 가지고 살아간다면 결코 행복한 삶을 살 수 없다. 두려움을 극복하려는 도전을 해야 꿈을 이룰 수 있다.행복을 만드는 것은 두려움을 극복하는 자신이라는 것을 기억하자.

나는 단순히 육아를 하라고 말하려는 것이 아니다. 육아를 통해 진정한 '나'를 찾게 된다는 것을 알리고 싶은 것이다. 나를 찾으면 미래가 명확해지고 행복이 찾아온다. 나의 행복이 아내와 아이에게도 전염되었다. 우리 가정이 행복하니 양가 부모님께서도 행복을 느끼게 되었다. 나는 육아를 통해 생각만 해도 이루어진다는 천국도 맛보고 있다. 내가 소망하는 꿈들을 한 가지씩 이뤄나가며 행복을 느끼는 것이다. 나는 지극히 평범하게 살면서도 내 안의 거인이 있다는 것을 항상 느끼며 살았다. 그 거인은 내 아이를 양육하며 깨어났다. 당신에게도 결국 이루어질 것이다. 당신 안의 거인이 깨어날 것이다.

꿈을 잃으면 죽은 사람이나 다름없다. 나는 아내와 아이도 꿈을 가진 삶으로 이끌 것이다. 더 나아가 세상 사람들이 꿈을 꾸고 이루는 행복한 세상을 만들고 싶다.

앞서 나의 비전은 '많은 사람을 웃음 짓게 하는 선한 영향력을 끼치는 것'이라고 말했다. 이 비전은 아빠 육아를 근원으로 한다. 나처럼 아빠가 육아를 하며 '나'를 찾게 되면서 오는 행복감을 모두 느꼈으면 한다.

이 책과 유튜브 채널 '아빠육아tv'를 통해 아빠 육아에 동기부여가 되었다면 좋겠다. 더 나아가 아빠들에게도 꿈이 생겼다면 나의 소명에 목숨 건 보람이 있을 것 같다.

이처럼 내가 메신저의 삶을 살면서 아이와 함께할 수 있도록 도움 주신 분들이 계신다. '육아'에 대한 책을 쓰는 데에 큰 도움주신 〈한국책쓰기1인창업코칭협회〉 김태광 대표 코치님, 유튜브 채널 '아빠육아tv'의 콘텐츠에 도움 주신 위닝북스의 권동희 회장님께 감사의 말씀 전한다. 그리고 나를 항상 응원해주는, 꿈으로 이어진 '꿈맥'들께도 감사를 표한다.

마지막으로 나와 아내를 낳아서 이만큼 성장할 수 있도록 키워주신 자랑스러운 양가 부모님, 내 꿈을 믿어준 든든한 지원군인 사랑하는 아내 이현정. 우리 부부를 선택하고 내려온 천사 같은 딸 최주아. 10년이나 넘게 나의 꿈을 응원해주는 친구들과 그들의 부모님께도 감사의 말씀을 전한다.

앞으로도 모든 사람들이 나로 인해 웃을 수 있는 선한 영향력을 끼치는 사람이 되길 다시 한번 다짐하며 이 책을 마무리한다.